Friedbert Pflüger

Energiewende besser machen

Friedbert Pflüger

Energiewende besser machen

Technik und Wirtschaft statt Ideologie

FREIBURG · BASEL · WIEN

© Verlag Herder GmbH, Freiburg im Breisgau 2024
Alle Rechte vorbehalten
www.herder.de

Die Abbildungen in diesem Buch stammen
aus dem Privatarchiv des Autors.

Satz: Carsten Klein, Torgau
Herstellung: GGP Media GmbH, Pößneck

Printed in Germany

ISBN Print: 978-3-451-39788-2
ISBN E-Book (E-PUB): 978-3-451-83425-7
ISBN E-Book (PDF): 978-3-451-83428-8

Für Sibylle, Leonhard und Josephine

Inhalt

Persönliche Vorbemerkung 11

I. Einleitung: Das drohende Scheitern der Klimapolitik ... 17
   Der Kampf gegen den Klimawandel wird nicht
   in erster Linie bei uns entschieden 18
   Der klimapolitische Grundkonsens wankt 19
   Inflation Reduction Act vs. Green Deal 22
   Entfesselung der technologischen Innovation und
   ökologisch-soziale Marktwirtschaft 25
   Konkrete Transformationspfade statt Radikallösungen 26
   Kostenfalle vermeiden – Akzeptanz stärken 26
   Ein »Sondervermögen Energietransformation« gekoppelt
   an eine pragmatische Klimapolitik 27

II. Der Siegeszug des grünen Paradigmas 31
   Willy Brandt: Der Himmel über der Ruhr muss
   blau werden 31
   CDU-Gruhl und die Gründung der Grünen 33
   Grün erreicht das Herz der deutschen Politik 37

III. Die Gefährdung des grünen Paradigmas – Irrwege,
Hybris und Ideologisierung der Klimabewegung 39
   III.1. Eine neue Heilslehre – und eifernde Jünger 39
   III.2. »Folge der Wissenschaft« – eine antidemokratische
   Parole 42

III.3. Ökosozialismus versus ökologisch-soziale
Marktwirtschaft 44
III.4. Die Politisierung der Klimaforschung: »Kipppunkte«
und Katastrophenszenarien 54
III.5. Angstmache in Schulen und Medien 60
III.6. Anpassung an den Klimawandel 66
III.7. Deutschland und die EU – »Zieleritis« statt echter
Erfolge 69
III.8. Die Illusion von der Vorreiterrolle 77
Exkurs: Texas, 2024 – Zentrum der Transformation 79
III.9. Mit dem Pareto-Prinzip gegen den
Klimanationalismus 84
III.10. »Böse Lobbyisten« und »gute Aktivisten«? 88
Exkurs: COP 28 in Dubai – Die Wirtschaft als Treiber
im Kampf gegen den Klimawandel 90

**IV. Über erneuerbare Energien hinaus: Fünf Schlüssel-
technologien im Kampf gegen den Klimawandel** 103

IV.1. Das enorme Potenzial von CCS und CCU
im Kampf gegen die Erderwärmung 110
IV.2. Abschied von *all electric*: Grüne Gase werden
zur zentralen Säule der Energiewende 125
IV.3. Synthetische Kraftstoffe: Säule klimaneutraler
Mobilität 144
IV.4. Atomkraft neu denken: *Small Modular Reactors (SMR)*
und neuartige Reaktoren (NR) der 4. Generation 159
IV.5. Die unerwarteten Erfolge der Fusionsenergie:
Hoffnungsträger für die Energiewende 184

V. Eine Klimapolitik mit Leidenschaft und Augenmaß: Sechs Thesen und zehn Forderungen 201
   Sechs Thesen 202
   Zehn Forderungen 210

Anhang 215
   Grundkonsens in Deutschland bis 2022: Nord Stream 2 .. 215
   Personenverzeichnis 223
   Anmerkungen 226
   Weitere Bücher des Autors 235

Persönliche Vorbemerkung

1992 habe ich das Buch *Ein Planet wird gerettet. Eine Chance für Mensch, Natur, Technik* veröffentlicht. 30 Jahre später begann ich, ein zweites Buch zu diesem Thema zu schreiben, das nun vorliegt. Es umfasst meine Erfahrungen und Einsichten in der Politik (1990–2011), der Wissenschaft (2009–2023), der von meiner Familie gegründeten Stiftung Clean Energy Forum (seit 2023) und der Tätigkeit als Unternehmensberater (seit 2009). Mein Blick auf Energie- und Klimapolitik hat sich in drei Jahrzehnten aus diesen unterschiedlichen Perspektiven gebildet. Ich hoffe zuversichtlich, dass genau darin der Mehrwert dieses Buches liegt.

Nach meiner tiefen Überzeugung leiden wir sehr darunter, dass wir uns in unseren jeweiligen Bereichen (Politik, Wissenschaft, Wirtschaft und Zivilgesellschaft) immer mehr abschotten. Vor allem gegenüber Wirtschaft und Industrie wird Distanz gewahrt. Ein heute verbreitetes Narrativ hat zu fatalen Frontstellungen geführt:

- Auf der einen Seite Unternehmer, Manager und ihre Lobbyisten, die Profitinteressen rücksichtslos durchsetzen, oft verhaftet in »fossilen Geschäftsmodellen«.
- Auf der anderen Seite idealistische Klimaaktivisten und aufrechte Forscher, die mit ihren Modellen erarbeiten, was »objektiv« im Interesse der Allgemeinheit liegt.
- Und dazwischen die Politiker, von denen die einen – ignorant oder korrupt – sich den Lobbyisten ergeben und die anderen die Sorgen der jungen Menschen ernst nehmen und »der Wissenschaft folgen«.

Diese Erzählung hat dazu geführt, dass Wissenschaft, Zivilgesellschaft und Politik sich mehr und mehr von der Wirtschaft fernhalten. Bloß nicht in den Verdacht einer zu großen Nähe zu Unternehmen, Verbänden und Lobbyisten geraten!

Das ist eine fatale Entwicklung. Natürlich gibt es engstirnige, nur an den eigenen Geldbeutel denkende Firmenchefs und vernagelte Schmalspurlobbyistinnen und -lobbyisten. Aber die meisten in der Wirtschaft tätigen Personen, die ich kennengelernt habe, sind zunächst einmal ganz normale Menschen. Sie diskutieren mit ihren Kindern, Verwandten, Freunden und Bekannten. Sie sind in Vereinen aktiv, engagieren sich in gemeinnützigen Initiativen. Sie führen außerhalb ihres Berufes unzählige Gespräche. Sie sammeln in ganz unterschiedlichen Bereichen ihre Erfahrungen und füllen unterschiedliche Rollen im Rahmen ihres Lebens aus. Ich habe zum Beispiel in meiner Funktion als Aufsichtsratsvorsitzender des Branchenverbandes Zukunft Gas, der die Interessen von 135 Unternehmen im Bereich Gas und Wasserstoff vertritt, keinen einzigen getroffen, der die Gefahren des Klimawandels verharmlost, leugnet oder relativiert. Ich habe niemanden getroffen, der Politiker mit Falschinformationen versorgt, um überkommene Geschäftsmodelle zu erhalten, oder sie mit Vorteilen zu bestechen versucht. Jeder weiß, dass wir dringend eine Transformation der Wirtschaft in Richtung Dekarbonisierung benötigen.

Ein höchst eindrucksvolles Dokument für die Bereitschaft der europäischen Wirtschaft, an der Begrenzung des Klimawandels mitzuwirken, stellt die »Antwerpener Erklärung zur EU-Industrie« vom 20. Februar 2024 dar, die der damalige BASF-Vorstandschef Martin Brudermüller stellvertretend für 57 führende Unternehmen und 15 Verbände der Präsidentin der EU-Kommission Ursula von der Leyen überreichte. Zugleich verlangt die Deklaration aber auch die Förderung der Wettbewerbsfähigkeit unserer Industrie. Ihr Ziel ist eine den Wohlstand erhaltende Transformation zur Klimaneutralität.

Diese Wandlung von Industrie und Wirtschaft kann nur mit, nicht gegen die Wirtschaft gelingen. Wir können nicht einfach alles abschalten und von vorn anfangen. Vielmehr braucht es konkrete Pfade für die Transformation, die möglichst viel vom volkswirtschaftlichen Vermögen der »alten Welt« erhalten, etwa die Infrastrukturen. Wenn wir alles am Reißbrett erschaffen und neu bauen wollen, verheben wir uns. Dann werden wir scheitern.

Die Dramatik des Klimawandels erfordert, dass plumpe Feindbilder überwunden werden. Wir brauchen einen diffamierungsfreien Dialog. Das bedeutet nicht, Konflikte wohlfeil zu verkleistern. Aber es bedeutet, Konflikte klar, manchmal hart, aber immer mit Respekt vor dem Andersdenkenden auszutragen. Auch dazu will dieses Buch einen Beitrag leisten.

Als Unternehmensberater habe ich in den letzten 15 Jahren Mandate von etwa 80 nationalen und internationalen Unternehmen bearbeitet: Solar, Wind, Wärmepumpen, Batteriespeicher, Gas, LNG (Liquified Natural Gas, also Flüssiggas), Wasserstoff, synthetisches Methan und synthetische Kraftstoffe, Biomethan, Carbon Management – bis hin zu Nukleartechnik und Kernfusion. Ich habe auch an großen internationalen Projekten mitwirken können – wie Trans Adriatic Pipeline (TAP) oder Nord Stream 2. Vor dem Hintergrund, dass meine Tätigkeit für Nord Stream eine gewisse öffentliche Aufmerksamkeit erfahren hat, habe ich im Anhang meine Stellungnahme als Sachverständiger vor dem Untersuchungsausschuss des Landtages von Mecklenburg-Vorpommern im März 2023 angehängt.

Von 2009 bis 2022 war ich Gastprofessor am King's College London und leitete dort das von mir gegründete European Centre for Climate, Energy and Resource Security (EUCERS). Wir organisierten Workshops, erarbeiteten Studien und begleiteten Studenten auf ihrem akademischen Weg. Vor allem aber war es mein Ziel, die Erkenntnisse aus der Wissenschaft mit Vertretern aus Politik, Verwaltung und Wirtschaft zu debattieren und damit Praxisnähe herzustellen. Außerdem ging es mir in dieser Zeit am King's College London darum, die globalen Fragen der Energie- und Klimapolitik, vor allem der Sicherheit der Bezugsquellen von Energie und Rohstoffen, zu thematisieren. Hier konnte ich meine langjährigen Erfahrungen als Europa- und Außenpolitiker im Deutschen Bundestag nutzen. Die Erderwärmung stellt eine existenzielle Herausforderung für unsere Zivilisation dar. Das gilt aber ebenso für den Erhalt des Friedens im Atomzeitalter oder die Bewahrung der Freiheit angesichts antidemokratischer Bedrohungen. Oft gibt es dabei Wechselwirkungen. So hat Klimapolitik in Zeiten des Krieges letztlich keine Chance, umgekehrt aber können Klimaveränderungen bestehende außen- und innenpolitische Konflikte verschärfen. Die geopolitische Dimension der Klimapolitik dürfte zukünftig noch wichtiger werden.

2020 verlegten wir das EUCERS an die Universität Bonn, meine alte Alma Mater, wo ich sieben Semester über internationale Klimapolitik lehrte, bis ich im Juli 2023 mit meiner Familie eine gemeinnützige GmbH, die Stiftung Clean Energy Forum (CEF), eine kleine NGO gründete. Durch meine Tätigkeit im Beirat des Instituts für Klima, Energie und Mobilität (IKEM) oder als (non resident) Senior Fellow im Global Energy Center des Atlantic Council, Washington, D.C. (seit 2014) bin ich immer wieder mit Energie- und Klimafragen aus ganz unterschiedlichen Sichtweisen konfrontiert.

Mit den seit 2009 einmal monatlich stattfindenden Energiegesprächen am Reichstag[1] haben wir schließlich ein Forum des ständigen Diskurses wesentlicher energie- und klimapolitischer Fragen geschaffen, in dem überparteilich mit Spitzenvertretern aus Politik, Wirtschaft, Wissenschaft und NGOs offen und fair debattiert wird. Seit 2023 ist das CEF der Träger dieser Gespräche.

Kerstin Andreae (Chefin des BDEW), Klaus Töpfer, Robert Habeck, Friedbert Pflüger, Christian Bruch (CEO Siemens Energy) beim 150. Energiegespräch am Reichstag am 28. Oktober 2022

Vor dem Hintergrund der langjährigen Beschäftigung mit diesen Themen – aus unterschiedlichen Perspektiven – möchte ich mit diesem Buch einen Beitrag zum Diskurs über Klima- und Energiepolitik leisten und zu einer Kurskorrektur ermutigen, die dringend erforderlich ist, um den gefährdeten klimapolitischen Grundkonsens neu zu beleben und die Klimaziele von Paris zu erreichen.

In gewisser Weise ist das Buch eine Zusammenfassung meiner bisherigen Erfahrungen und Erkenntnisse. Es hat wenig mit theoretischen Modellen und viel mit praktischer Erfahrung zu tun.

Während ich die letzten Sätze für dieses Buch schreibe, erreicht mich die Nachricht vom Tod von Klaus Töpfer. Die Verbindung von Leidenschaft und Augenmaß machte ihn zu einer der prägenden Persönlichkeiten der globalen Klima- und Umweltpolitik. Seit 1990 pflegen wir einen freundschaftlichen Austausch über die in diesem Buch angesprochenen Themen. Ich hatte Klaus das Manuskript dieses Buches am 3. Juni für Rat und krititische Anregungen übersandt. Wir verabredeten, dass ich ihn am 14. Juni in seinem Krankenhaus in München besuche. Dazu ist es nicht mehr gekommen.

Ich danke meinen Mitarbeitern und Mitarbeiterinnen für die Unterstützung bei intensiven Recherchen oder klugen Korrekturvorschlägen. Insbesondere danke ich Franziska Lange, die mich inzwischen seit drei Jahrzehnten erträgt. Ich danke Ruprecht Brandis, dem Geschäftsführer der Stiftung Clean Energy Forum (CEF) für freundschaftliche Hinweise, konstruktiven Widerspruch und Rat. Vor allem aber danke ich meiner Frau, Sibylle Pflüger. Ich brauche ihre klugen Einschätzungen, ihre stete Ermutigung und ihre immer offen ausgesprochene, manchmal sehr unbequeme Kritik. Ich danke meinen beiden Kindern, 18 und 20 Jahre alt, für fruchtbare Gespräche und ihren festen Glauben, dass ihr Vater es gut meint mit Umwelt und Klima. Schließlich sei dem Verlag Herder für sein Vertrauen und das Lektorat gedankt – besonders Patrick Oelze.

Berlin, im Juni 2024
Dr. Friedbert Pflüger

I.

Einleitung: Das drohende Scheitern der Klimapolitik

Der deutschen und europäischen Klimapolitik droht das Scheitern. Das ist tragisch, denn der Klimawandel gehört zu den existenziellen Überlebensfragen unserer Zivilisation. Mit wachsender Lautstärke und Intensität verkündete die Politik in den letzten Jahren immer ehrgeizigere Klimaziele. Aber der globale Energiemix besteht noch immer zu etwa 80 Prozent aus fossilen, nur zu 20 Prozent aus erneuerbaren Quellen.[1] In Europa und Deutschland sieht es trotz enormer Investitionen in erneuerbare Energien ähnlich aus. Wir sind nicht entscheidend vorangekommen. Trotz des erheblichen Zubaus regenerativer Energien wurde auf der Welt noch nie so viel Kohle verbraucht wie 2022.[2] Öl und Gas werden so stark nachgefragt wie eh und je. Durch das Anwachsen der Weltbevölkerung und den Wunsch der Menschen nach Wohlstand steigt die Nachfrage nach Energie stärker als alle Bemühungen, fossile durch regenerative Energie zu ersetzen.

I.: Einleitung: Das drohende Scheitern der Klimapolitik

Der Kampf gegen den Klimawandel wird nicht in erster Linie bei uns entschieden

Statt die Probleme global anzugehen und die vorhandenen Mittel dort zu konzentrieren, wo die größten Emittenten von Treibhausgasen sind, gefallen sich zu viele unserer Politiker, vor allem aber zu viele NGOs und Aktivisten in der Rolle der *net-zero*-Musterknaben. Angesichts der Tatsache, dass unser Land heute für weniger als 1,8 Prozent, die EU für 6,7 Prozent der globalen CO_2-Emissionen verantwortlich ist, kann dieser Ansatz nicht überzeugen. Bei uns wurde den Bürgern eingeredet, dass der Verzicht auf Mallorca-Flüge oder der Wechsel vom Pkw zum Lastenfahrrad über die Rettung der Welt entscheide. Wer aus Sorge um das Klima seinen eigenen Lebenswandel ändert, verdient allen Respekt. Und es ist gut und wichtig, dass wir unser Leben umweltbewusster und nachhaltiger gestalten. Aber das Weltklima würde selbst die radikalsten Maßnahmen auf individueller Ebene bei uns kaum merken.

Der Kampf gegen den Klimawandel wird nicht in erster Linie in Europa entschieden. Wir sollten deshalb einen großen Teil der vorhandenen finanziellen Mittel auf die Modernisierung von Kraftwerken und Industrien in den Regionen lenken, in denen die Hebelwirkung am größten ist. Aber wir haben uns bisher darauf versteift, der Welt zu zeigen, dass wir es bei uns richtig machen. Wir wollen Vorreiter sein!

Hier offenbart sich eine gefährliche Hybris, die Selbstgewissheit, wir Deutschen verfügten über den wissenschaftlich objektiv nachgewiesenen einzigen Weg. Die Welt aber sieht uns inzwischen klima- und energiepolitisch immer weniger als Vorbild, sondern zunehmend als Außenseiter. Bei meinem einwöchigen

Besuch auf der UN-Klimakonferenz COP 28 in Dubai im November 2023 habe ich es überall gespürt: Nur wenige in der Welt nehmen uns noch als Vorbild wahr. Im Gegenteil gab es in den Diskussionen außerhalb der offiziellen Runden der Diplomaten und Politiker viel Unverständnis, manchmal sogar Mitleid und leider nicht selten Häme über das, was viele als Selbstverzwergung Deutschlands wahrnehmen.

Es ist wahr: Große Teile der Welt waren zunächst beeindruckt, wie Deutschland und Europa den Klimaschutz entdeckten und die Vision beschworen, dass Klimapolitik ein Wirtschaftswunder schaffen könne. Inzwischen merkt man in der Welt, dass der deutsche und europäische Weg nur zu bescheidenen Klimaerfolgen, dagegen aber zu erheblicher Deindustrialisierung führt.[3] Die Abwanderung von Unternehmen, das Ausbremsen erfolgversprechender Zukunftstechnologien, der Verlust der Wettbewerbsfähigkeit – und damit einhergehend Wohlstandsverlust, exorbitante Staatsverschuldung und das Wanken der sozialen Sicherungssysteme sind schon heute erkennbar.

Der klimapolitische Grundkonsens wankt

Bei uns in Deutschland wankt der klimapolitische Grundkonsens, über den wir uns viele Jahren freuen konnten. Die Akzeptanz der Bürger sinkt. Eine Studie des Umweltbundesamtes von 2023 zeigt, dass Klimaschutz in der Wahrnehmung der Menschen an Bedeutung verliert. Die Bürger finden vermehrt, dass zum Beispiel ein funktionierendes Gesundheitssystem, gute Schulen und Hochschulen auch wichtig sind.[4] Nach dem Angriffskrieg Russlands auf die Ukraine spüren sie zudem, dass wir erhebliche Investitionen im Bereich Verteidigungspolitik benötigen. Der Angriffskrieg Russlands auf die Ukraine 2022, aber auch der Überfall der Hamas auf Israel 2023, der folgende Krieg sowie die sich zuspitzenden amerikanisch-chinesischen Konflikte haben zu tektonischen Veränderungen in der internationalen Politik geführt, die enorme Auswirkungen auf Energiesicherheit und Klimapolitik haben. Die Bedrohung von Frieden und Freiheit, innen- und außenpolitische Sicherheit, Migration haben neue Themen in den Vordergrund gerückt.

Die nachlassende Bereitschaft in der Gesellschaft, der Umwelt- und Klimapolitik höchste Priorität einzuräumen, beendet die lange Dominanz grünen Denkens in Deutschland, das weit über die grüne Partei hinaus bis vor Kurzem die Gesellschaft politisch und kulturell entscheidend geprägt hat. Was aber bleibt ist der Stolz darauf, dass das in den Umweltbewegungen vor Ort entstandene grüne Paradigma einen beispiellosen globalen Siegeszug erleben konnte. Dass wir mit unserem Planeten behutsam umgehen müssen, dass wir nachhaltig wirtschaften müssen und Rücksicht auf Natur, Ressourcen und Klima nehmen müssen – diese Überzeugungen haben sich heute fast überall auf der Welt durchgesetzt. Den Höhepunkt dieses Bewusstseinswandels bildet das Pariser Klimaabkommen vom 12. Dezember 2015. Keine Regierung in der Welt, die nicht weniger Treibhausgasemissionen versprach. Es schien, als würde es erstmals gelingen, dass sich eine *grassroots*-Protestbewegung nach Jahrzehnten politischer Auseinandersetzungen dauerhaft im globalen Maßstab durchsetzt. Was für eine grandiose Entwicklung!

Gefragt wäre nun gewesen, diesen Erfolg schrittweise im Dialog mit Bevölkerung, Wissenschaft, Wirtschaft und Gewerkschaften in eine realistische Politik umzusetzen, konkrete Transformationspfade zu definieren und das grüne Paradigma umsichtig in das Geflecht der Meinungen und Interessen einzubinden. Es wäre klug gewesen, Wirtschaft und Industrie, Hauptzielpunkte der notwendigen Dekarbonisierung, ins Boot zu holen und die Politik so anzulegen, dass sie die den Umwelt- und Klimathemen gegenüber grundsätzlich sehr aufgeschlossene Bevölkerung mitnimmt.

Stattdessen haben sich große Teile der grünen Bewegung nach Paris ideologisiert und eine Hybris entwickelt: Man fühlte sich stark genug, Gesellschaft und Wirtschaft in Deutschland und Europa die eigene Überzeugung aufzudrücken, wähnte sich im Besitz der absoluten klimapolitischen Wahrheit. Die grüne Bewegung fühlte sich als Träger einer Art höherer Klimamoral. Sie nahm sich das Recht, kritische Fragen hinsichtlich einzelner Maßnahmen beiseitezuwischen und die Kritiker zu diffamieren. Wer nicht folgte, wurde entweder als ignoranter Klimaleugner oder bezahlter Lobbyist beschimpft, der »fossile Geschäftsmodelle« fortsetzen wolle. Der Trend zu »immer rigiderer Inszenierung von moralischer Überlegenheit« (Philipp Hübl) und die gezielt herbeigeführten Empörungseskalationen in den sozialen Medien führten zu einer Polarisierung, die der Sache des Klimaschutzes schadete. Statt auf dem Grundkonsens von Paris aufzubauen, wurde ein absoluter Machtanspruch geltend gemacht, der über die Klimapolitik weit hinausging und sich verstärkt mit planwirtschaftlichen, teilweise auch totalitären gesellschaftspolitischen Forderungen verband. Anfangs schien diese Strategie aufzugehen: Das grüne Paradigma wirkte so stark, dass sich Politik, Gesellschaft und Wirtschaft, ja sogar die Rechtsprechung in einen Anpassungsprozess zwingen ließen. Widerspruch wurde zumeist nur hinter vorgehaltener Hand geäußert, ansonsten aber wurde mitgemacht – vielleicht hier und da mit etwas angezogener Bremse.

Erst seit dem Sommer 2023 begannen sich Bedenken zunächst zögerlich, dann aber immer deutlicher Bahn zu brechen. Als Wendepunkt kann in Deutschland die Auseinandersetzung um das Heizungsgesetz im Frühsommer 2023 angesehen werden, wo sich zum ersten Mal wirklich breiter Protest gegen den Entwurf des Bundesministeriums für Wirtschaft und Klima (BMWK) erhob. Das war sozusagen der Tropfen, der bei vielen das Fass zum Überlaufen brachte. Etwa zur gleichen Zeit häuften sich Meldungen über Abwanderungen deutscher Unternehmen ins Ausland, die – nicht nur, aber wesentlich – damit zu tun hatten, dass in Deutschland der Strom teurer ist und die Bürokratielasten größer sind als irgendwo sonst in Europa. Gleichzeitig sahen sich die EU und Deutschland einer verschärften industriepolitischen Herausforderung in der Klimapolitik ausgesetzt – nun nicht mehr nur aus China, sondern seit 2022 auch aus den USA.

Inflation Reduction Act vs. Green Deal

Die amerikanische Klimapolitik setzt mit dem Inflation Reduction Act (IRA) auf die Belohnung von Klimainvestitionen. Sie strahlt dadurch große Attraktivität gegenüber der EU und Deutschland aus, wo sich die Wirtschaft durch den Green Deal der EU und die nationalen Gesetze und Verordnungen mit Technologieverboten, immer schärferen bürokratischen Berichtspflichten und staatlichem Mikromanagement konfrontiert sieht. In den USA entfesselt man die marktwirtschaftlichen und technologischen Stärken, in Europa werden sie gefesselt.[5] Die Wirtschaft leidet vor allem in Deutschland, das plötzlich mit das geringste Wachstum in der EU aufweist. Wir gelten heute bei vielen als der »kranke Mann in Europa«.[6] Gleichzeitig aber leidet auch das Klima. Der von der Bundesregierung einberufene Expertenrat und das Umweltbundesamt stellten der Regierung im August 2023 in zwei Berichten unabhängig voneinander ein schlechtes Zeugnis aus: Die selbstgesetzten Klimaziele würden verfehlt.[7]

Besonders kritisch ging ein Sondergutachten des Bundesrechnungshofes vom März 2024 mit der Bundesregierung ins Gericht: Die Versorgungssicherheit sei gefährdet, die Annahmen im Monitoring der Bundesnetzagentur ein Best-Case-Szenario und somit wirklichkeitsfremd. Damit werde der Zweck des Monitorings als Frühwarnsystem faktisch ausgehebelt. Es sei nicht sichergestellt, dass die Back-up-Kapazitäten für den Ausbau erneuerbarer Energien rechtzeitig verfügbar sind. Der Netzausbau liege sieben Jahre und 6000 km hinter den Planungen zurück. Die von der Regierung vorgelegte Kraftwerksstrategie greife zu kurz. Der Bundesrechnungshof konstatierte vor diesem Hintergrund »das Risiko einer erheblichen Lücke an gesicherter, steuerbarer Kraftwerksleistung zum Ende des aktuellen Jahrzehnts«.

Und der Rechnungshof ging noch weiter: Die Bezahlbarkeit der Stromversorgung stehe infrage. Private Haushalte zahlten mit 41,25 Cent/kWh im ersten Halbjahr 2023 42,7 Prozent mehr als der EU-Durchschnitt, Gewerbe- und Industriekunden rund 5 Prozent mehr. Weitere Kostensteigerungen seien »absehbar«. Der Rechnungshof wirft der Regierung vor, die Kosten der Energiewende zu verschleiern. Die Bundesregierung müsse »umgehend reagieren«, andernfalls drohe die Energiewende mit gravierenden Folgen für den Wirtschaftsstandort Deutschland zu scheitern.[8]

Das wollte der Wirtschafts- und Klimaschutzminister Robert Habeck nicht auf sich sitzen lassen. Wenige Tage später ging er in die Offensive und verkündete mit Rückgriff auf Zahlen des Bundesumweltamtes stolz, dass Deutschland »erstmals« bei den Klimazielen auf Kurs sei. 2023 sei der Kohlendioxidausstoß um 10 Prozent gesunken, so stark wie noch nie seit den Jahren nach der Wiedervereinigung. Aber ein näherer Blick auf diese Meldung relativiert das gezeichnete Bild stark, ja verkehrt es fast in sein Gegenteil: Ohne Zweifel geht ein Teil dieses Ergebnisses auf den Ausbau der erneuerbaren Energien zurück, die erstmals über die Hälfte der Stromerzeugung in Deutschland generierten. Es gehört allerdings zur Wahrheit, dass der Stromverbrauch in Deutschland nach Angaben des Statistischen Bundesamtes 2023 um 12 Prozent zurückging.

Mehr noch: Ein genauerer Blick auf Habecks »Erfolg« zeigt, dass die entscheidenden Gründe im warmen Winter, noch mehr in der Konjunkturflaute und den hohen Energiepreisen zu suchen sind, in deren Gefolge es zu einem drastischen Rückgang des Energieverbrauchs vor allem bei den Grundstoffindustrien kam. Manfred Fischedick, Präsident des Wuppertal Instituts für Klima, Umwelt und Energie, das sicher nicht im Verdacht steht, »gegen grün« zu sein, kommentierte, dass »nur ein kleiner Teil des Rückgangs wirklich auf langfristig wirkende Klimaschutzmaßnahmen zurückzuführen ist«. Niklas Höhne, Leiter des New Climate Institutes in Köln, wurde noch deutlicher: Der Rückgang der Emissionen sei »größtenteils nicht nachhaltig und kein Zeichen von erfolgreicher Klimapolitik«. Auf den Punkt brachte es Greenpeace: »Man darf eine kriselnde Wirtschaft nicht mit Klimaschutz verwechseln.«[9]

Ein weitaus gewichtigeres Urteil erhielt die Bundesregierung am 3. Juni 2024 durch den von ihr selbst berufenen Expertenrat für Klimafragen. Die Klimaziele für 2030 würden verfehlt. Robert Habecks optimistische Haltung, man sei »auf Kurs«, wurde damit korrigiert.

Während Klimaaktivisten wie die Bewegung Fridays for Future oder die Letzte Generation der sogenannten Klimakleber aus der skeptischen Beurteilung der Klimapolitik die Forderung ableiten, noch weitergehende Regulierungen vorzunehmen, liegt die Chance, die Klimaziele von Paris doch noch zu erreichen, in einem ganz anderen Ansatz:

Entfesselung der technologischen Innovation und ökologisch-soziale Marktwirtschaft

Wir brauchen die Entfesselung aller technologischen Fähigkeiten und der Kräfte des Marktes im Rahmen ehrgeiziger, aber realistischer Klimaziele statt planwirtschaftlicher Vorgaben, Verbote, bürokratischer Feinsteuerung und nationaler Sonderwege. Dabei benötigen wir Vertrauen in das zentrale Instrument einer marktwirtschaftlichen Klimaschutzpolitik: den Emissionshandel. Dieser ist umso stärker, je mehr er international gilt. Deshalb ist es zu begrüßen, dass die EU mit dem ETS II den Emissionshandel auf die Bereiche Verkehr und Wärmemarkt ausdehnt. Es braucht neben einem effektiven ETS-Mechanismus nicht tausend weitere Instrumente, Subventionen, Sektorziele, Berichtspflichten, Verordnungen, Auslaufdaten, Ausnahmeregeln, Beihilfen usw. – ein planwirtschaftlicher Dschungel, in dem selbst hochspezialisierte Anwälte kaum noch durchblicken. Die Energiewende droht zu einem bürokratischen Monstrum zu werden, das kein Normalsterblicher mehr versteht.

Konkrete Transformationspfade statt Radikallösungen

Notwendig ist ferner die Bereitschaft, nicht alles auf einmal zu wollen, sondern konkrete Transformationspfade zu beschreiten mit Brückenlösungen, z. B. dadurch, dass man in der Modernisierung eines Kohlekraftwerkes im Kosovo oder in China durch die Abscheidung von CO_2 nicht die Verlängerung der fossilen Wirtschaft sieht, sondern einen wichtigen Schritt auf dem Weg zu einer klimaneutralen Welt. Die Ablehnung, ja Diffamierung solcher Zwischenschritte ist ein zentraler Fehler der grünen Bewegung.

Kostenfalle vermeiden – Akzeptanz stärken

Notwendig schließlich wird ein größeres Kostenbewusstsein sein und ein Gefühl dafür, was man Wirtschaft und Bürgern zumuten kann. Solange unsere Wirtschaft stark war und mit jährlichem Wachstum gerechnet werden konnte, haben sich zu viele daran gewöhnt, dass für Klimaausgaben *immer* Geld da ist. Spätestens seit dem Urteil des Bundesverfassungsgerichts vom 15. November 2023 hat diese Einstellung ein Ende gefunden. Das höchste Gericht untersagte der Bundesregierung, 60 Milliarden für die Corona-Bekämpfung vorgesehene Euro in den Klima- und Transformationsfonds (KTF) zu verschieben. Auf einmal musste alles auf den Prüfstand: Subventionen für grünen Stahl, für die Kraftwerksstrategie, für ein Wasserstoffkernnetz usw. Plötzlich war die Regierung gezwungen, Prioritäten zu setzen. Hinzu kam ab Februar 2022 das Bewusstsein für die Notwendigkeit, verteidigungsfähig zu werden. Das von Bundeskanzler Olaf Scholz

2022 ausgerufene Sondervermögen für die Bundeswehr in Höhe von 100 Milliarden Euro ist längst aufgebraucht. Und schließlich stehen enorme Ausgaben für Migrationsthemen, Bürgergeld, Kindergrundsicherung, Renten, Pflege- und Krankenversicherung, BAföG usw. an. Die demografische Entwicklung in Deutschland, die kaum mehr verdeckte Deindustrialisierung und die schweren Konjunktureinbrüche – das alles führt zu einer Situation, in der die Politik lernen muss, wieder genau auf jeden Euro zu schauen. Auch müssen die politisch Verantwortlichen sich sensibler überlegen, was sie den Bürgern und Verbrauchern zumuten dürfen. Die Preisschraube kann nicht beliebig angezogen werden, sonst verlieren wir die Akzeptanz der Menschen und den bisherigen Grundkonsens für die Energiewende. So viel ist über das Klimageld als Ausgleich für die steigenden CO_2-Preise gesprochen worden! Es ist dringend notwendig, dass es kommt und wirkt, denn vor allem einkommensschwache Haushalte leiden unter den steigenden Kosten. Momentan verbreitet sich nach meiner Beobachtung bei vielen Menschen das Gefühl, dass wir uns mit der Energiewende verheben könnten. Wir müssen aufpassen, dass wir nicht bald einen sozialen Kipppunkt erreichen, wo das Unbehagen der Bürgerinnen und Bürger über die Lasten der Klimapolitik plötzlich in klare Ablehnung umschlägt.

Ein »Sondervermögen Energietransformation« gekoppelt an eine pragmatische Klimapolitik

Das erwähnte BVerfG-Urteil hat den Finanzierungsspielraum für die Ampelkoalition erheblich reduziert. Mit ihm scheiterte der Versuch, an der Schuldenbremse vorbei mit Kreditermächtigungen auf Vorrat die staatliche Finanzierung der Transformation in beliebiger Höhe zu steuern. Damit fehlt nun nicht nur der Betrag von 60 Milliarden Euro, sondern generell das geplante Finanzierungsgerüst für den Fortgang der Klima- und Energiewende. Die Transformation muss in erster Linie aus der Privatwirtschaft finanziert werden, der Staat sollte sich auf die Rahmensetzung konzentrieren. Allerdings sind die Aufgaben der öffentlichen Hand etwa für den Auf- bzw Ausbau der Netzinfrastruktur (Strom, Gas bzw. Wasserstoff und CO_2), für die Unterstützung ambitionierter Transformationsprojekte durch Klimaschutzverträge und Brückensubventionen – etwa die staatlichen Anschubmittel für Projekte wie »Grüner Stahl« – für die Forschungsförderung oder das erwähnte Klimageld enorm hoch. Die Herstellung der Versorgungssicherheit einschließlich der Rohstoffversorgung und die Garantie der sozialen Ausgewogenheit gehören seit eh und je zu den Aufgaben staatlicher Daseinsvorsorge, deren Träger bei uns in Deutschland vor allem die Stadtwerke sind. Sie kommen durch die enormen Zusatzaufgaben, etwa für den Ausbau der Verteilnetze, in eine prekäre Situation. Großprojekte wie der Atom- oder Kohleausstieg erfordern weitere staatliche Mittel, nicht zuletzt, um betroffenen Regionen mit Kohäsionsmitteln zu helfen.

Hinzu kommt der internationale Wettbewerbsdruck. Deutschland kann nicht ignorieren, dass hierzulande die Energiekosten viel höher als bei fast allen Konkurrenten auf den Weltmärkten liegen. Auch wenn wir daran in hohem Maße selbst schuld sind, müssen die energieintensiven Industrien für den Zeitraum der Transformation einen echten Industriestrompreis erhalten – oder wir werden ein Unternehmen nach dem anderen verlieren. Auch können wir nicht die Augen davor verschließen, dass – wie oben beschrieben – die USA oder China gewaltige staatliche Mittel aufrufen, um die Transformation in ihren Ländern zu fördern. Der Staat muss deshalb auch industriepolitisch reagieren, damit unsere Wirtschaft in die Lage versetzt wird, die noch vorhandenen technologischen Vorsprünge – etwa bei Wasserstoff – zu halten bzw. in anderen Bereichen – etwa Carbon Capture, Utilization and Storage, kurz CCUS – nicht abgehängt zu werden.

Um diesen Aufgaben im Rahmen der zum Verfassungsauftrag erhobenen Klimaneutralität nachzukommen, braucht es einen verlässlichen finanziellen Rahmen. Da wichtige wirtschaftspolitische Gründe sowohl gegen eine Erhöhung der Steuerlast als auch gegen ein generelles Aussetzen der Schuldenbremse sprechen, bleibt nur der Weg über ein Sondervermögen Energietransformation.

Um das durchzusetzen, ist – ähnlich wie beim Sondervermögen zur Modernisierung unserer Streitkräfte – ein breiter politischer Konsens erforderlich. Eine tragfähige Mehrheit kann dieser Vorschlag nur finden, wenn er mit einer energie- und klimapolitischen Kurskorrektur – wie oben beschrieben – einhergeht. Die Mentalität: koste es, was es wolle, es ist ja für das Klima, muss ein Ende haben. Sondervermögen geht nur, wenn gleichzeitig ein anderes Verhältnis zum Geldausgeben bei der öffentlichen Hand entsteht. Ideologisch geprägten Vorhaben muss ein Ende gesetzt werden. Die Energie- und Klimapolitik muss wieder ein Projekt für die ganze Gesellschaft werden.

Dieses Buch versucht in diesem Sinne einen Weg aufzuzeigen, wie der Klimawandel wirksam gebremst werden kann, ohne dass wir weitere Wohlstandsverluste erleiden. Mit marktwirtschaftlichen Anreizen, mit der Entfesselung unserer technologischen Fähigkeiten könnten wir schrittweise in eine klimaneutrale Welt schreiten und schließlich der Atmosphäre sogar wieder Treibhausgase entziehen, indem wir CO_2 sicher unterirdisch speichern oder besser noch als Rohstoff nutzen.

Es geht mir um eine bessere Energie- und Klimapolitik, die Akzeptanz der Menschen für die Bewahrung und Neubelebung des grünen Paradigmas. Es geht um einen verantwortlichen Grundkonsens, um die Klimaziele von Paris zu erreichen:

- durch Pragmatismus statt Ideologie,
- durch Innovationsoffenheit statt Verbotspolitik,
- durch marktwirtschaftliche Anreize statt planwirtschaftlicher Mikrosteuerung,
- durch ehrgeizige Klimaziele statt überambitionierter Vorgaben,
- durch stärkere Konzentration auf die globale Dimension der Klimapolitik statt Nabelschau und nationale Alleingänge
- und durch fairen Dialog über den besten Weg statt Diffamierung der Andersdenkenden.

Die Bürgerinnen und Bürger wissen, dass Klimaschutz wichtig ist und bleibt, aber sie spüren, dass eine deutliche Kurskorrektur notwendig ist. Es muss deshalb jetzt darum gehen, Energie- und Klimapolitik besser zu machen.

II.

Der Siegeszug des grünen Paradigmas

Begonnen hat die Geschichte eines gesellschaftlich relevanten Umweltbewusstseins in der Bundesrepublik Deutschland durch einen Gewerkschafter und Sozialdemokraten: Heinrich Deist. Er arbeitete nach dem Zweiten Weltkrieg zunächst als Mitarbeiter des DGB-Vorsitzenden Hans Böckler und stieg dann zum Aufsichtsratsvorsitzenden des Stahlunternehmens Bochumer Verein auf.

Willy Brandt: Der Himmel über der Ruhr muss blau werden

1961 wurde Deist vom damaligen SPD-Kanzlerkandidaten Willy Brandt zum Schattenwirtschaftsminister berufen. Deist lenkte das Augenmerk seiner Partei bei der Formulierung des Wahlprogramms auf eine der bis dahin nicht beleuchteten Schattenseiten des deutschen Wirtschaftswunders: Die Menschen würden durch den Schadstoffausstoß industrieller Produktion gesundheitlich gefährdet. Die Verschmutzung von Luft und Wasser durch die Industrie führe zu schweren Krankheiten, der Staat habe die Gemeinschaftsaufgabe Gesundheit zugunsten der rasanten wirtschaftlichen Entwicklung vernachlässigt. Willy Brandt griff den Gedanken in einer Wahlrede am 28. April 1961 in der Bonner Beethovenhalle auf: »Der Himmel über dem Ruhrgebiet muss wieder blau werden.« – Wie nötig das war, daran habe ich selbst noch Erinnerungen: Wir hatten in unserer Wohnung in Hannover-Anderten Anfang der 1960er Jahre noch einen Kohleofen, holten von der Firma Dohrs in der Bahnhofstraße die Briketts und lagerten sie im Keller, bis sie gegen die Kälte verfeuert wurden. Das machten damals fast alle so. In meinem Heimatort gab es außerdem zwei große Zementwerke, die Teutonia und die Germania. Wenn der Wind aus Osten kam, musste man die Fenster putzen. Das Atmen fiel schwer, der Himmel war grau.

1964 wurde dann die TA Luft, die Technische Anleitung Luft, die 1895 in Preußen erlassen worden war, novelliert. Sie forderte von den Betreibern der Industrieanlagen die Einhaltung von Standards beim Ausstoß von Schadstoffen nach dem Stand der Technik. Die Unternehmen bauten daraufhin die Schornsteine höher, um die Emissionen auf ein größeres Gebiet zu verteilen. Die Bürger waren dankbar für die fühlbaren örtlichen Entlastungen, allerdings verbesserte sich die generelle Luftverschmutzung durch die Streuung nicht, sondern führte zu neuen Problemen wie zum Beispiel saurem Regen.

CDU-Gruhl und die Gründung der Grünen

Die Entwicklung des Umweltbewusstseins in der CDU habe ich von Anfang an miterlebt. Mein lebenslanges Engagement für Umwelt- und Klimafragen verdanke ich Herbert Gruhl, einem der ersten Grünen in der Geschichte Deutschlands. Gruhl saß von 1969 bis 1978 für die hannoversche CDU im Bundestag, entfremdete sich zunehmend von seiner Partei, wurde Vorsitzender des Bundes für Umwelt und Naturschutz in Deutschland (BUND), gewann im Duo mit der legendären Petra Kelly auf einer grünen Aktionsliste immerhin 3,2 Prozent bei der Europawahl 1979 und wurde 1980 einer der führenden Mitbegründer der Grünen.

Ich lernte Gruhl 1972 kennen. Er war gerade Vorsitzender einer in der CDU neu geschaffenen Arbeitsgruppe Umweltvorsorge, die dem Schattenumweltminister für die Bundestagswahl 1972, Richard von Weizsäcker, zuarbeitete. Im Wahlkampf kam Gruhl, der im Wahlkreis Hannover-Land antrat, in unsere Heimatgemeinde. Dort war ich, gerade 17 Jahre alt, Vorsitzender der Jungen Union. Die Aufzeichnungen der damaligen Veranstaltung habe ich noch. Während der Wahlkampf zwischen Willy Brandt und Rainer Barzel vor allem um die Ostpolitik ausgefochten wurde, sprach Gruhl – beeinflusst vom Bericht des Club of Rome – über den Raubbau der Menschen an der Natur, den Anstieg der Weltbevölkerung und unsere seiner Meinung nach verwerfliche Wachstumsphilosophie. Für einen Abgeordneten, zumal einen CDU-Abgeordneten, schien mir das ungewöhnlich, aber auch bewegend, aufrüttelnd. Gruhl setzte ein neues Thema.

Die CDU verlor die Wahl haushoch, aber »unser Abgeordneter« wurde Umweltsprecher der CDU, ein Amt, dass es bis dahin gar nicht gegeben hatte. Seine »Berichte aus Bonn« im Wahlkreis, seine Reden auf Kreis- und Bezirksparteitagen hatten in der Folgezeit immer wieder mit Umweltschutz zu tun. Wer zuhörte, wurde schnell zum »Experten«.

Mit Herbert Gruhl 1973 in Bonn. Im Bild hinten: die spätere Bundestagsabgeordnete Rita Pawelski

1975 lud Gruhl mehrere Mitglieder unseres Ortsverbandes nach Bonn ein. Ein erster Besuch im Plenarsaal des Bundestages: unvergesslich. Dann aber nahm er mich beiseite. Er habe ein Buch geschrieben, das mit großer Klarheit unsere Umweltsünden anprangere und ihm viel Ärger in der Partei eintragen werde. Ob er das vor oder nach der bevorstehenden Wiedernominierung als Abgeordneter veröffentlichen solle? Er könne nicht ausschließen, dass ihm die Delegierten im Kreisverband der CDU das Vertrauen entzögen, wenn sie das Buch lesen würden. Ich zögerte nicht eine Sekunde: Er *müsse* das Buch unbedingt vorher publizieren und das Risiko eingehen. Sonst könnte man ihm hinterher vorwerfen, nicht ehrlich mit der Basis umgegangen zu sein. Einige Wochen später erhielt ich die Einladung ins Bonner Tulpenfeld zur Vorstellung des Gruhl-Buches: *Ein Planet wird geplündert. Die Schreckensbilanz unserer Politik.*[1] Das Buch avancierte zum Bestseller, prägte den öffentlichen Diskurs und führte dazu, dass Gruhl nach der Bundestagswahl 1976 seinen Posten als Umweltsprecher der CDU/CSU verlor, der Anfang vom Ende seiner Unionsmitgliedschaft. Man stelle sich vor, die CDU hätte Gruhl, so unbequem und störrisch er sein mochte, in dieser Position gehalten und sich wenigstens einem Teil seiner »grünen« Vorstellungen geöffnet! Diesen Gedanken äußert übrigens auch Wolfgang Schäuble in seinen Memoiren.[2]

In der Folgezeit wurde Gruhl – dem nun die Einbindung fehlte – immer bitterer und radikaler. Er glaubte fest an den Weltuntergang. Vierzig Jahre vor den Vertretern der Letzten Generation warnte er vor der bevorstehenden Katastrophe und warf schließlich den Grünen vor, im »Materialismus« verhaftet zu sein.

Als Antwort auf die resignative Bitternis meines früheren Mentors Gruhl verfasste ich, gerade in den Bundestag gewählt und Mitglied des Umweltausschusses, 1992 das Buch *Ein Planet wird gerettet. Eine Chance für Mensch, Natur, Technik.*[3] Es wies damals schon auf eine »drohende Katastrophe« durch den Klimawandel hin, war allerdings hinsichtlich der Fähigkeit des Menschen zur Beherrschung der Gefahr deutlich zuversichtlicher: Mit marktwirtschaftlichen Instrumenten, etwa einem Emissionshandel und vor allem durch technologischen Fortschritt würden die Menschen die Herausforderung bewältigen können.

II.: Der Siegeszug des grünen Paradigmas

Klaus Töpfer, Friedbert Pflüger und Joschka Fischer bei der Vorstellung von *Ein Planet wird gerettet* im Herbst 1992 im Bonner Presseclub

Damals schrieb ich (Seite 9):

»*Es ist nicht mehr zu bestreiten, dass der Welt eine gigantische Umweltkatastrophe droht. Klimaveränderung, Tropenwaldsterben, Ozonloch, ungesicherte Atomkraft, vergiftete Flüsse, Seen und Meere, verseuchte Böden, Ausdehnung der Wüsten – spätestens seit der Rio-Konferenz im Juni (1992) hat jeder davon gehört [...] Ich will zeigen, dass es im ureigensten Interesse der Wirtschaft liegt, die Antwort auf die ökologischen Fragen nicht anderen zu überlassen [...] Ich will auch zeigen, dass es im Interesse aller Umweltschützer ist, sich pragmatischer zu verhalten und die anthropologischen, gesellschaftlichen und ökonomischen Realitäten anzuerkennen. Der Politik obliegt es, diesen Prozess der Verschmelzung von Ökologie und Ökonomie zu fördern.*«[4]

Grün erreicht das Herz der deutschen Politik

Das grüne Paradigma hatte längst seinen Siegeszug bis hinein ins Herz der deutschen Politik begonnen. Dazu hatte nicht zuletzt die Atomkatastrophe von Tschernobyl vom 26. April 1986 beigetragen. Kanzler Helmut Kohl richtete wenige Wochen danach ein Bundesumweltministerium ein, das zunächst mit dem früheren Frankfurter Oberbürgermeister Walter Wallmann besetzt und von 1987–1994 von Klaus Töpfer geführt wurde. Damit versuchte die CDU/CSU der wachsenden grünen Bewegung, insbesondere der machtvollen Anti-Atomkraft-Bewegung, den Wind aus den Segeln zu nehmen, ökologisch motivierten Bürgern ein Angebot zu machen und idealistische Forderungen in konkrete Politik umzusetzen. Vor allem mit Töpfer gelang das. Im Spätsommer 1988 durchquerte er im Neoprenanzug bei Mainz den Rhein, um die erfolgreiche Sanierung des Flusses zu dokumentieren – ein Symbolbild mit bleibender Wirkung. Töpfer wurde später zu einer der Ikonen der Umweltbewegung, nicht zuletzt durch sein späteres erfolgreiches Wirken als Exekutivdirektor des Umweltprogramms der Vereinten Nationen (UNEP) in Genf (1998–2006). Aber schon Anfang der 1990er Jahre als junger Minister gehörte er zu den Wegbereitern des Earth Summit, der UN-Konferenz über Umwelt und Entwicklung in Rio de Janeiro im Juni 1992, die bis heute als wesentlicher Meilenstein bei der Integration von Umwelt- und Entwicklungsbestrebungen gilt. Hier wurde in enger Zusammenarbeit mit fast 2500 akkreditierten Vertretern von NGOs eine Klimarahmenkonvention verabschiedet. Im Grunde begann hier der Prozess, der über das Kyoto-Protokoll vom Dezember 1997 schließlich zum Pariser Klimaabkommen von 2015 führte.

Beim Accord de Paris handelt es sich um einen völkerrechtlichen Vertrag, den 197 Staaten und die Europäische Union anlässlich der Klimarahmenkonvention der Vereinten Nationen (UNFCCC) in Nachfolge des Kyoto-Protokolls geschlossen haben. Er sieht vor, die Erderwärmung auf »deutlich unter zwei Grad Celsius« gegenüber der vorindustriellen Zeit zu begrenzen. Was für ein grandioser Erfolg, die Weltgemeinschaft auf dieses Ziel zu verpflichten!

Das Paris-Abkommen ist ein Meilenstein, was die erklärte Absicht der Völkergemeinschaft angeht – auch wenn kritische Stimmen immer wieder darauf hinweisen, dass das Abkommen vor allem Ziele und Absichtserklärungen formuliere und ein Sanktionsmechanismus bei Missachtung der Vereinbarungen fehle. Dennoch: Es war und bleibt ein epochaler Erfolg der grünen Bewegung, nach einem langen Kampf als Außenseiter die politische Mitte erreicht und die ganze Welt überzeugt zu haben. Damit war nicht nur in Deutschland und Europa, sondern weltweit ein grüner Grundkonsens geschaffen und die Weltgemeinschaft in die Pflicht genommen.

Aber dieser Grundkonsens wankt. Das liegt zum einen daran, dass in anderen Teilen der Welt völlig andere Prioritäten gesetzt werden. In Indien zum Beispiel feiert der Premierminister die Steigerung der Kohleproduktion als Erfolg im Kampf gegen die Armut. Dort geht es erst einmal darum, dass ein großer Teil der Menschen gar keinen Zugang zu Energie hat. Bei uns dagegen ist die nachlassende Unterstützung für die Energiewende wesentlich darauf zurückzuführen, dass Teile der Klimaschutzbewegung ihre Meinung absolut setzen, unrealistische Ziele setzen, andere politische Notwendigkeiten verdrängen, die steigende Belastung der Menschen mit Kosten ausblenden und diejenigen, die kritische Fragen stellen, als »Klimaleugner« diffamieren. Ein großer Teil der Klimabewegung ist falsch abgebogen: auf einen Irrweg der Hybris und Ideologie.

III.

Die Gefährdung des grünen Paradigmas – Irrwege, Hybris und Ideologisierung der Klimabewegung

III.1. Eine neue Heilslehre – und eifernde Jünger

Im 1. Buch Mose lässt Gott die Menschheit in einer Sintflut umkommen. Nur der gottesfürchtige Noah und seine Familie waren gewarnt. Sie bauten eine Arche für sich und für je ein Paar jeder Tierart und überlebten die Katastrophe. Bei den Sumerern, den Babyloniern und den alten Griechen (Deukalionische Flut) gibt es einen ähnlichen Mythos. Dem Menschen wird gedroht: Wer sich dem Gebot widersetzt, dem droht göttlicher Zorn und Vernichtung. Diese Erzählung erwies sich als großartiges Herrschaftsinstrument! Wie gerne hat die christliche Kir-

III.: Die Gefährdung des grünen Paradigmas

che des Mittelalters es genutzt: Wer sich dem Regelwerk nicht unterwirft, dem droht schlimme Strafe. So wurde die Macht des Klerus über Jahrhunderte begründet und stabilisiert. Die Kirche erklärte, welche Sünden zum Weltuntergang führen könnten. Und über sie allein konnte man der Sünde durch Sühne und Ablass entkommen. Der britische Historiker Ian Kershaw berichtet von einem Dauerregen, der zwischen 1315 und 1317 die Ernten auf der Insel zerstörte und zu einer großen Hungersnot führte. Die Kirche hatte wiederholt vor der »Strafe des Herrn« gewarnt, wenn man den Geboten Gottes nicht folge. Vermeiden ließ sich der Zorn nur durch unbedingten Gehorsam gegenüber der Kirche.

Greta Thunberg verbreitet nach meiner Empfindung im Kern ein ähnliches Narrativ.

Der Weltuntergang droht, weil sich die Menschheit mit der Verschmutzung der Umwelt und der Luft versündigt. Aber ich, Greta, weiß, wie er abgewendet werden kann. Also folgt mir!

Greta Thunberg, von ihren Anhängern fast religiös verehrt, beschimpft wie einst Johannes der Täufer die Mitmenschen, nicht genug für die Erlösung zu tun (how dare you!). Das ist ein alter Topos im neuen Gewand, ebenso der Anspruch, eine höhere Wahrheit und Moral zu vertreten.

»Ich will, dass ihr in Panik geratet!«, schmettert die junge Frau in die Welt hinein. Die Welt ist voller Sünde, steht am Abgrund – und nur wer Frau Thunberg folgt, wird errettet. Viele in Politik, Kirchen, Wissenschaft und Medien wurden zu eilfertigen Jüngern.

Aus der berechtigten und notwendigen grünen Sache entstand so eine Heilslehre, eine Ideologie und eine Bewegung mit dem Ziel, die Angst vor dem Weltuntergang zu nutzen, um Be-

III.1. Eine neue Heilslehre – und eifernde Jünger

deutung und Macht zu erlangen. Wer in Greta Thunberg nur die idealistische, sich um die Zukunft sorgende junge Frau sieht, verkennt den politischen Machtanspruch, der durch sie verkörpert wird. Erst durch ihre antisemitischen Äußerungen zum jüngsten Nahostkrieg und ihren Protest gegen die israelische Starterin beim Eurovision Song Contest im Mai 2024 in Malmö hat Frau Thunberg für viele ihren Messiasstatus verloren. Da wurde vielen plötzlich bewusst, dass es ihr vielleicht um mehr als das Klima geht. Damit hat sie sich ehrlich gemacht, aber ihre gutgläubigen Anhänger enttäuscht.

Natürlich gibt es viele Idealisten in der Bewegung, die es ernst meinen mit dem Klima und sich wirklich sorgen. Und das ist großartig, denn Umwelt und Klima brauchen Engagement und Überzeugungskraft. Woher sollen Veränderungen kommen, wenn nicht von jungen Leuten! Genau die brauchen wir!

Aber großes Engagement steht leicht in der Versuchung, in idealistisches Moralisieren und am Ende in jakobinisches Eifern zu driften. Und die schlimmsten Übel in der Geschichte sind oft nicht durch niedere Absichten, sondern durch den glühenden Willen zum unbedingten Guten entstanden. Und Idealismus kann leicht missbraucht und für andere Zwecke instrumentalisiert werden. Da gibt es eben auch die Plakate bei den Freitagsdemonstrationen: »Burn Capitalism, Not Coal!« oder »System Change, Not Climate Change«.

Noch radikaler als Frau Thunberg und die Fridays for Future-Bewegung sind die Aktivisten von Extinction Rebellion und die »Klimakleber« der Letzten Generation. Natürlich gibt es auch hier viele Idealisten – wie bei allen radikalen politischen Bewegungen der Vergangenheit und Gegenwart. Der Kern aber sind hartgesottene Profis, die die Aktionen mit kühlem Kopf planen, die Aktivisten trainieren, Sprachregelungen verteilen. Da werden dann nicht selten Überzeugte zu Fanatikern, Engagierte zu Eiferern. Das Klimathema wird als Heilslehre stilisiert, deren eifernde Jünger sie nutzen, um eine gesellschaftliche Umwälzung voranzutreiben. Wenn man so will, hat sich die antikapitalistische Bewegung, die es seit der Studentenrevolte der 1960er Jahre gibt, ein anderes Thema und neue wohlmeinende Mitläufer gesucht.

III.2. »Folge der Wissenschaft« – eine antidemokratische Parole

Der Wissenschaftsbegriff, dem große Teile der Klimaaktivisten in unserem Land (meistens unbewusst) anhängen, ist latent antidemokratisch. Die Parole »Folge der Wissenschaft!« suggeriert, dass die *eine* wissenschaftlich-objektive Wahrheit gefunden wurde, aus der man Rezepte für die Lösung der klimapolitischen Herausforderungen direkt ableiten könne.

Das aber ist mitnichten der Fall. Wissenschaft versucht die Wahrheit zu finden, sich ihr anzunähern. Aber sie entwickelt sich immer weiter, muss offen sein für neue Erkenntnisse, die eigenen Ergebnisse hinterfragen, dazulernen und sich weiterentwickeln. Sie muss »falsifizieren« – wie das der große Philosoph und Begründer der Theorie des Kritischen Rationalismus, Karl Popper, genannt hat. Poppers Wissenschaftsbegriff und sein Plädoyer zur Verteidigung der offenen Gesellschaft gegen ihre Feinde[1] ist eines der eindrucksvollsten antitotalitären Denkkonzepte, denen ich je begegnet bin. Sie können die objektive Wahrheit nicht erkennen, alles kann und muss hinterfragt werden. Vor allem liegt

III.2. »Folge der Wissenschaft« – eine antidemokratische Parole

in wissenschaftlichen Erkenntnissen kein Rezeptbuch für den politischen Alltag. Die Wissenschaft versucht die Welt zu verstehen, aber die Bewertung überlässt sie Gesellschaft und Politik. Wer anderes will, der ersetzt die Demokratie und das Ringen um den besten Weg durch den Philosophenstaat, die Diktatur des Proletariats oder andere Konzepte, die unweigerlich in einer Form von Diktatur enden.

Darüber, dass es einen menschengemachten Klimawandel gibt, besteht heute weitgehende Einigkeit unter den Wissenschaftlern. Hans von Storch, einer der bedeutenden Klimaforscher unseres Landes, der gemeinsam mit dem Nobelpreisträger für Physik Klaus Hasselmann Anfang der 1990er Jahre am Max-Planck-Institut für Meeresbiologie in Hamburg das erste Mal den menschengemachten Klimawandel (im Gegensatz zum natürlichen Klimawandel) nachwies, drückt es so aus: »Der unstrittige Stand des heutigen wissenschaftlich robusten Wissens ist, dass die vergangenen und fortgesetzten Freisetzungen insbesondere von CO_2 eine Veränderung des Klimas bewirken.«[2]

Keineswegs aber besteht Konsens darüber, wie stark die vom Menschen ausgehende Klimaerwärmung gegenüber natürlichen Faktoren ist.

Darüber wird weiter unter Forschern gestritten werden. Und Gesellschaft und Politik müssen darüber streiten, welche Schlüsse aus diesen Ergebnissen zu ziehen sind und welche Politik aus ihnen resultieren soll. Wissenschaft kann keine Wertentscheidungen ersetzen.

Hans von Storch wirft manchen seiner Kollegen vor, in die »Klimafalle« getappt zu sein, nämlich Forschungsergebnisse einseitig zu interpretieren, zu vereinfachen und zu dramatisieren. Statt »Wissen zu schaffen« würden sich nicht wenige vor den

Karren politischer und ideologischer Interessen spannen lassen und selbst eine politische Agenda »im Namen des Guten« entwickeln. Der Wissenschaftler müsse nüchtern bleiben und die eigenen Forschungsergebnisse selbstkritisch hinterfragen. Wer sich dagegen einem politischen Hype ergebe und diesen noch anfeuere, würde kurzfristig medial wirksam sein, langfristig aber seine wissenschaftliche Glaubwürdigkeit verlieren. Von Storch betont immer wieder die Notwendigkeit, globale Anstrengungen gegen den menschengemachten Klimawandel zu ergreifen, wendet sich jedoch gegen apokalyptische Katastrophenszenarien.

III.3. Ökosozialismus versus ökologisch-soziale Marktwirtschaft

Viele Grüne haben ihre Wurzeln in der antikapitalistischen und antiimperialistischen 68er-Bewegung. Nicht nur Sponti- und Anarcho-Gruppen, zu denen etwa Joschka Fischer gehörte, sondern auch orthodoxe maoistische Kader wie der Kommunistische Bund Westdeutschlands (KBW), die Kommunistische Partei Deutschlands (KPD) oder der Kommunistische Bund (KB) gehörten zu den Strömungen, aus denen ein wesentlicher Teil der grünen Partei erwuchs. Beispiele dafür sind Winfried Kretschmann (Ministerpräsident), Krista Sager (Ex-Fraktionsvorsitzende), Reinhard Bütikofer (Europaabgeordneter), Ralf Fücks (Ex-Senator in Bremen) und Winfried Nachtwei (ehemaliger Verteidigungspolitischer Sprecher). Ich habe alle genannten Politiker mehr oder weniger gut kennengelernt und schätze sie – bei vielen Meinungsunterschieden – als überzeugte Demokraten. Ich kann nachvollziehen, dass Jugendliche ein Nachkriegsdeutschland ablehnten, in dem das Wirtschaftswunder, nicht aber die Aufarbeitung der Verbrechen der Vätergeneration angesagt war. Und ich habe Respekt vor einem Lebensweg, bei dem schließlich der totalitäre Irrweg eingestanden wird.

Durch meine Tätigkeit als Bundesvorsitzender des Ringes Christlich-Demokratischer Studenten (RCDS) (1977/78) bin ich zwei der markantesten Studentenführer der damaligen Zeit schon damals persönlich begegnet: Rudi Dutschke und Jürgen Trittin. Mit Rudi Dutschke habe ich einige Male intensiv diskutiert. 1978 saßen wir gemeinsam auf dem Podium des überfüllten Audi Max der Gesamthochschule Paderborn. Dutschke sprach über die Lage im »Demokratischen Kampuchea« (so Dutschke damals über Kambodscha, in dem die Roten Khmer furchtbare Massaker verübten), aber auch über die neue grün-alternative Bewegung in Deutschland, der er sich – überzeugt, den »Kampf« dort fortführen zu können – anschloss. Die *taz* hat recht: Dutschke gehört zum »grünen Urgestein«.[3]

Mit Jürgen Trittin habe ich mitten im Deutschen Herbst 1977 auf einem Panel im Audi Max der Universität Göttingen diskutiert. Er gehörte damals dem Kommunistischen Bund (KB) an. Seinen politischen Weg vom kommunistischen Aktivisten über den niedersächsischen Grünen-Politiker bis hin in die Bundesregierung habe ich aus relativer Nähe verfolgt. Er hat die Hinwendung zur gewaltenteiligen und parlamentarischen Demokratie konsequenter vollzogen als Dutschke. Ich habe oft Kritik an seinen Positionen – aber auch Sympathie und Hochachtung vor seiner politischen Entwicklung und Lebensleistung.[4] Er ist eben kein jakobinischer Eiferer, sondern überzeugter Demokrat.

III.: Die Gefährdung des grünen Paradigmas

Friedbert Pflüger (re.) mit dem »grünen Urgestein« Rudi Dutschke,
GH Paderborn, 1978

Es geht mir wahrlich nicht um eine Gleichung: früher Kommunist, immer Kommunist. Im Gegenteil muss differenziert und die Kraft zur Abkehr von totalitären Ideen immer anerkannt werden (das sollte allerdings nicht nur für linke Jugendsünden gelten). Trotzdem bleibt das Faktum, dass die Grünen aus einer antikapitalistischen, antibürgerlich-alternativen, radikalfeministischen, rätedemokratischen und anarchistischen Ursuppe entstanden.[5]

Die Führung hat sich davon in den meisten Fällen emanzipiert. Aber freut man sich nicht auch dort manchmal insgeheim über die Radikalität des grünen Nachwuchses? Man erinnert sich, dass man in der Jugend selbst radikal war. Und so gibt es nach wie vor die realpolitischen und pragmatischen, aber eben nach wie vor auch die radikalen und ideologisch geprägten Grünen – Realos und Fundis. Solange die Grünen in der Opposition sind, lässt sich ein solcher Spagat gut aushalten. Sobald sie aber regieren, wird es schwer, da man die jungen Grünen nicht so ohne Weiteres von den Bäumen holen kann, auf die man sie gerne hat klettern lassen. So kommt es, dass viele Basisgrüne nicht verstehen, dass eine Bundesregierung mit einem Klimaminister aus ihren Reihen LNG-Terminals und neue Gaskraftwerke baut, Carbon Capture and Storage (CCS) fördert und blauen Wasserstoff erlaubt. Auch das erlebe ich aus der Nähe mit: die Einsichten der meisten (grünen) Regierenden in energiepolitische Notwendigkeiten, ihr Bemühen um pragmatische Kompromisse – und die enorme Schwierigkeit, das einer grünen Basis zu vermitteln, der man doch lange das Gegenteil gepredigt hat.

Die alten Topoi und Aktionsmuster der Studentenbewegung tauchen – in ökologischem Gewand – immer wieder in der grünen Bewegung auf: von den Plakaten auf Schülerdemonstrationen wie »Capitalism Kills« oder »System Change, Not Climate Change« über Greta Thunbergs »antiimperialistischen« Einsatz für die Palästinenser (ohne ein Wort der Kritik am Hamas-Terror), von dem »zivilen Ungehorsam« der Klimakleber bis hin zum Sabotageanschlag der sogenannten Vulkangruppe im März 2024 auf die Stromversorgung des Tesla-Werkes in Brandenburg. Wo wird das enden? Auch die Rote-Armee-Fraktion (RAF) begann mit zivilem Ungehorsam und »Gewalt gegen Sachen«.

In der Klimabewegung ist neben viel Idealismus und ehrlichem Willen, den Klimawandel zu stoppen, auch viel Klassenkampfideologie. Letztlich seien es die »Reichen« mit ihren SUVs und ihren Privatjets, die für den Klimawandel die Hauptverantwortung tragen. Überall ist das tiefe Misstrauen gegenüber der Wirtschaft im Allgemeinen und »den Fossilen« im Besonderen zu spüren. Da wird kein Dialog geführt, keine Zusammenarbeit angestrebt, kein Kompromiss über einen Transformationspfad versucht. Vielmehr wird angeschwärzt, diffamiert und der eigene Standpunkt quasireligiös verklärt und zur objektiven Wahrheit erklärt: »wissenschaftlich« und »faktenbasiert«. Wer anderer Meinung ist, hat »gar nichts verstanden« oder aber ist von dunklen Lobbymächten gekauft. Dem Markt wird nichts zugetraut, im Gegenteil: Er führe zu vermehrter Ausbeutung der Natur zugunsten der Profite weniger.

Robert Habeck auf den Spuren Joschka Fischers: für Pragmatismus, gegen Klima-Klassenkampf

Demgegenüber soll der Staat alles regulieren und kontrollieren. Die verstaubten Rezepte aus der Mottenkiste des Klassenkampfes feiern in Teilen der Klimabewegung eine Wiederauferstehung. Die grüne Führung hält davon zumeist wenig. Vor allem Robert Habeck bemüht sich nach meinem Urteil ernsthaft um Pragmatisierung, Kompromisse und Kooperation. Ja, er versucht nach meinem Eindruck sogar, für die Klima- und Energiepolitik das zu schaffen, was Joschka Fischer für die Außen- und Sicherheitspolitik gelang: die gesamte Partei auf einen realistischen Kurs zu bringen. Aber um ihn herum sind nach wie vor neben pragmatischen Köpfen auch zahlreiche Ideologen. Diese lassen die Aktionsgruppen gewähren, ja fördern sie: nach dem Motto eine Prise Sozialismus und Öko-Klassenkampf kann nicht schaden …

Eine der ideologischen Grundlagen der heutigen Grünen sind die Publikationen der *taz*-Wirtschaftsredakteurin Ulrike Herrmann. Insbesondere ihr 2022 erschienenes Buch *Das Ende des Kapitalismus. Warum Wachstum und Klimaschutz nicht vereinbar sind – und wie wir in Zukunft leben werden* ist eine Art Manifest der grünen Bewegung 2.0. Man sollte es schon deshalb lesen, weil es nicht platt ist oder nur schwarz-weiß malt, sondern – zumindest im ersten Teil – differenziert und originell. Frau Herrmann findet, dass der Kapitalismus viel Gutes bewirkt habe. Die Nahrung sei durch ihn nicht mehr knapp, die Lebenserwartung, die Bildung und der Wohlstand größer als jemals zuvor. Nun aber zeige sich klar, dass der Kapitalismus das Klima und die Umwelt zerstöre, sodass die Menschheit heute existenziell gefährdet sei. Es sei eine Illusion, auf ein künftiges grünes Wirtschaftswunder zu hoffen, so wie es die Ampel-Bundesregierung glauben mache. »Grünes Wachstum« sei nicht möglich, denn Solarmodule und Windräder reichten nicht, um permanentes Wachstum zu befeuern. Die Rohstoffe für dieses grüne Wachstum seien knapp, teuer und ihre Gewinnung umweltschädlich. Ihre Folgerung: Die Wirtschaft müsse schrumpfen. Dies bedeute das Ende des Kapitalismus, der nur stabil sein könne, solange es Wachstum gäbe. Ulrike Herrmann hält eine andere Zukunft für uns Bürger bereit: »ohne Wachstum, ohne Gewinne, ohne Autos, ohne Flugzeuge, ohne Banken, ohne Versicherungen und fast ohne Fleisch«. Auch die Schifffahrt, Stahl-, Zement- und Chemieindustrie, die Bau- und Landwirtschaft, all dies müsste radikal schrumpfen.[6]

Gleichzeitig aber fürchtet Herrmann die Verwerfungen eines *chaotischen* Degrowth. Sie hat sich deshalb in der Geschichte umgeschaut und schließlich in der britischen und amerikanischen Kriegswirtschaft ab 1940 das Modell einer *kontrollierten* Schrumpfung gefunden. Damals sei es im Angesicht der Bedrohung Hitlerdeutschlands gelungen, innerhalb kürzester Zeit die Produktion privater Pkw zu stoppen und stattdessen Panzer zu produzieren. Warum sollte es jetzt vor dem Hintergrund der Bedrohung durch den Klimawandel nicht möglich sein, statt

III.: Die Gefährdung des grünen Paradigmas

Autos nun Straßenbahnen und Wärmepumpen zu erzeugen? Im Krieg sei es auch gelungen, die Güter des täglichen Lebens zu rationieren. Der private Konsum in Großbritannien »fiel damals um fast ein Drittel«, was die britische Kriegswirtschaft »zu einem faszinierenden Modell für heute« mache.

Hier flammt – nach anfänglichem Bemühen um eine sachliche Würdigung der sozialen Marktwirtschaft – die in der eigenen Sozialisierung gelernte Begeisterung für Plan- und Kommandowirtschaft wieder auf. Ein starker Staat soll es richten. Er soll verbieten, dirigieren und vorschreiben, was gut und was schlecht ist. Das Buch von Frau Herrmann ist ein ohne Zweifel geschriebener Bestseller – er ist wirksam und bietet ideologische Nahrung für Klimaaktivisten.

Beeinflusst wurde Ulrike Herrmann ganz offenbar von den *Degrowth*-Theorien, wie sie etwa der Brite Jason Hickel vertritt. In *Weniger ist mehr. Warum der Kapitalismus den Planeten zerstört und wir ohne Wachstum glücklicher sind* lehnt auch er die Idee grünen Wachstums ab. Er plädiert für eine Drosselung der Güterproduktion, eine radikale Einkommensumverteilung, Arbeitszeitverkürzungen und Jobgarantien.[7]

Es gibt ein weiteres wirkmächtiges Buch, das grüne und antikapitalistische Theorien vereint, ein Memorandum des französischen Soziologen Bruno Latour und seines Mitarbeiters Nikolaj Schulz *Zur Entstehung einer ökologischen Klasse*.[8] So wie einst die Arbeiterklasse den sozialen Fortschritt erkämpfte, bedürfe es heute einer »ökologischen Klasse«, um den Klimawandel abzuwenden. Ohne die Formung einer »kampfbereiten ökologischen Klasse« sei die Menschheit dem Untergang geweiht.

Aber das Manifest ist kein Plädoyer für einen friedlichen, gemeinschaftlichen Weg zur Abwendung des Klimawandels, keine

III.3. Ökosozialismus versus ökologisch-soziale Marktwirtschaft

Fürsprache für einen geordneten Transformationspfad zur Klimaneutralität. Es ist eine radikale Abwendung von marktwirtschaftlichem Denken, ein Aufruf zum ökologischen Klassenkampf.

Wir leben in einer pluralistischen Gesellschaft, wo jeder seine Meinung kundtun darf. Wir sollten uns immer wieder fragen, ob nicht an der Meinung des anderen etwas dran ist, und bereit sein, uns zu korrigieren. Aber wir sollten auch wissen, dass da Leute unterwegs sind, denen es nicht um einen demokratischen Dialog über den besten Weg geht, sondern darum, ein ideologisches Konzept mit (fast) allen Mitteln voranzubringen – beseelt von ihrem Glauben an eine höhere Wahrheit, die es ihnen erlaubt, die Andersdenkenden zumindest zu diffamieren. Es sind nicht selten auch knallharte antikapitalistische Machtinteressen, die sich den Idealismus von Klimaaktivisten zunutze machen.

Ich behaupte: Die Abwendung des Klimawandels, die Rettung des ursprünglichen grünen Paradigmas wird nur gelingen, wenn die Grünen solche Thesen nicht mit klammheimlicher Freude als Stärkung der Bewegung akzeptieren, sondern sich klar von solchen klassenkämpferischen, dirigistischen und tendenziell antidemokratischen Manifesten distanzieren und den Weg zum Pragmatismus einschlagen. Aber gehen die Grünen diesen Weg? Oder lassen sie zu, dass sich Deutschland deindustrialisiert, dass es schrumpft? Freuen sich manche gar über Rezession und Deindustrialisierung, wenn auf diese Weise die Klimaziele erreicht werden?

Plan- und Kommandowirtschaft, Staatsdirigismus, Bürokratie und Mikromanagement haben immer und überall in die Irre geführt und gleichzeitig demokratische Freiheit eingeschränkt oder beendet. Und genau das erlebt Deutschland derzeit. So wollen die Grünen jetzt das Verbraucherleitbild des EU-Wettbewerbsrechts grundlegend überarbeiten. Es müsse der »Schutz verletzlicher Verbraucher:innen (besonders: Jugendliche, Ältere und Menschen mit Sprachbarrieren)« im europäischen Verbraucherrecht verankert werden. Hier passiert nicht weniger als die Ersetzung des Leitbildes des mündigen Bürgers und Verbrauchers durch einen fürsorglich-bevormundenden Staat. Das Argument der Grünen: Durch die Digitalisierung sei alles so kompliziert und undurchschaubar geworden, da müsse der Staat den Bürger (vor sich selbst und seinen Fehlern) schützen.[9] Das ist ein Rückfall in altes sozialistisches und autoritäres Denken.

Einer großartigen Kolumne über »Trottelbürger« von Jan Fleischhauer verdanken wir den Hinweis auf ein Konvolut neuer Richtlinien des Beauftragten der Bundesregierung für Kultur- und Medien für die Filmförderung, in Kraft getreten zum 1. Januar 2024: Der Umfang und die Komplexität der Vorgaben schrecken von jeder Bewerbung ab. Allein die Vorgaben zum Catering am Filmset umfassen mehrere Seiten: bedarfsgerechte Ausgabe, kein vorportioniertes Essen, kein Einweggeschirr, Anteil regionaler Lebensmittel bitte 50 Prozent (ab 2025 70 Prozent). Detailliert wird vorgeschrieben, dass die Kulissenbauten nur aus nachhaltig bewirtschafteten Wäldern (Siegelpflicht) kommen dürfen. Als Strom dürfe nur zertifizierter Ökostrom genutzt werden. Discounter-Kleidung und Fast Fashion sind verboten, die benutzten Autos beim Dreh müssen Elektro, Hybrid oder Dieselmotoren mit Euro 6d sein). All das wird ständig überprüft (ökologische Nachweisprüfung): Wie viel CO_2 wird verbraucht? – mit genauer Erfassung aller Daten. Wollen wir so regiert, dirigiert und kontrolliert werden? Ökologisches Bewusstsein und Verbraucherschutz sind wichtig, aber sie können so nicht in die Menschen hineinverordnet werden. Fleischhauer mit leichter Polemik: »Hier kommt der Grüne zu sich selbst.«[10]

Der Leitidee des betreuten Menschen im Ökosozialismus muss das Bild des in verantworteter Freiheit handelnden Individuums in der ökologisch-sozialen Marktwirtschaft entgegengehalten werden. Diese schafft den sozialen und ökologischen Rahmen, in dem sich die Freiheit der Marktteilnehmer entfalten kann. Vor allem im Instrument des Emissionshandels liegt ein wesentlicher Schlüssel, wie Klimaschutz bewerkstelligt werden kann, ohne Freiheit und Wohlstand zu riskieren. Die berechenbare Verteuerung von CO_2-Emissionen in einem Klimaklub, also einer Allianz einer (wachsenden) Gruppe gleichdenkender Staaten, ist das entscheidende marktwirtschaftliche Instrument für mehr Klimaschutz. Es gibt dazu viele kluge Anregungen, die es verdienen, von der Politik gehört und umgesetzt zu werden.[11]

Sofern der Emissionshandel nicht von zahllosen Berichtspflichten, Verteuerungen, weiteren verbindlichen Sektor- und Ausbauzielen und Verboten und Geboten begleitet wird, dürfte er sogar dann akzeptiert werden, wenn es – wie bei der bevorstehenden Einführung des Emissions Trading System 2 – zu Preiserhöhungen für die Bürger kommt. Ein sozialer Ausgleich aus den Einnahmen des Emissionshandels über ein Klimageld wird allerdings notwendig sein, ebenso – vor dem Hintergrund des internationalen Wettbewerbs – eine kluge Industriepolitik. Qualitatives, nachhaltiges Wachstum ist und bleibt die Grundlage, um die Akzeptanz der Menschen für den Klimaschutz zu erhalten. Alle Konzepte, die auf Verzicht, Beschränkung von Konsum, Schrumpfung usw. abzielen, werden gegen die Mehrheit der Menschen durchgesetzt werden müssen und sind somit undemokratisch.

III.4. Die Politisierung der Klimaforschung: »Kipppunkte« und Katastrophenszenarien

Ein Schlüssel im Denken der Klimaschutzaktivisten und vieler NGOs ist die Theorie von den sogenannten Kipppunkten, die in der Öffentlichkeit ungeheure Wirkung erzielte und die ursächlich für viele Ängste der Menschen vor einer Klimakatastrophe ist.

Im Gegensatz zu einer verbreiteten medialen Rezeption gelten »Kipppunkte« bei den meisten Klimaforschern zwar als »interessante Spekulation«, keineswegs aber als bewiesen. Vor allem ist es herrschende Meinung, dass Kipppunkte, also die Verdichtung problematischer Entwicklungen zu einem Moment, in dem es zu irreversiblen Änderungen im System (*points of no return*) mit massiven Folgewirkungen kommt, nicht in der nahen Zukunft erreicht werden, sondern voraussichtlich erst in Jahrzehnten oder Jahrhunderten. Sicher aber ist das auch nicht.

Deshalb plädiere ich dafür, die Kipppunkt-Warnungen trotz fehlender Beweise sehr ernst zu nehmen. Es handelt sich bei dieser Theorie selbst bei einem Klimaforscher, der wahrlich nicht zu den Panikmachern gehört, immerhin um »eine nicht auszuschließende Möglichkeit«.[12]

Aus einer nicht auszuschließenden Möglichkeit wurde aber in den Stellungnahmen von Aktivisten, NGOs sowie in zahlreichen Politikerreden und Medienberichten zunächst eine hohe Wahrscheinlichkeit, dann eine reale, unmittelbar bevorstehende Bedrohung. Man bekommt natürlich mehr Aufmerksamkeit, wenn man Alarm schlägt. Die Hinweise, dass bisher nichts bewiesen sei, bleiben deshalb oft nur eine Randnotiz. So wurde die Theorie von manchen Medien und Aktivisten immer mehr vereinfacht.

III.4. Die Politisierung der Klimaforschung

Die Frage muss erlaubt sein: Traten alle Forscher solchen Simplifizierungen klar genug entgegen oder ließen sie die Debatte laufen, die ja die eigene Wichtigkeit unterstrich und eine Garantie für neue Forschungsgelder darstellte?

Aus möglichen Kipppunkten – zum Beispiel ein Kollaps des grönländischen und westarktischen Eises, die Störung der atlantischen Strömungssysteme oder das Verschwinden des Amazonas-Regenwaldes – wurde in der öffentlichen Wahrnehmung auf diese Weise eine mit Sicherheit eintretende, unmittelbar bevorstehende Dominoreaktion globaler Erderhitzungsphänomene, die letztlich zum Auslöschen der menschlichen Zivilisation führe. Selten ist eine wissenschaftliche Theorie so politisiert, so vereinfacht, so instrumentalisiert und damit so wirkmächtig geworden.

Ich bin das erste Mal ausführlich in einem von mir veranstalteten Energiegespräch am Reichstag im Juli 2009 mit der Kipppunkte-Theorie konfrontiert worden. Der von mir hochgeschätzte Hans Joachim Schellnhuber, den man getrost als einen Spiritus Rector der Kipppunkte-Theorie ansehen darf, legte die Gefahren damals anschaulich und äußerst sachlich dar. Gemeinsam mit seinen Kollegen vom Potsdam-Institut für Klimafolgenforschung (PIK) Johan Rockström und Stefan Rahmstorf sowie ihrem britischen Kollegen Timothy M. Lenton hatte er im Jahr zuvor eine Befragung von 52 Klimaforschern zu den Kipppunkten durchgeführt und sie dann im renommierten US-Wissenschaftsmagazin *Proceedings of the National Academy of Sciences (PNAS)* veröffentlicht. Die Publikation erregte enormes Aufsehen und gilt heute als eine der meistzitierten und einflussreichsten Publikationen in der Klimaforschung.

Die Veröffentlichung erschien als »Perspektive« in *PNAS*, war demnach von den Autoren keineswegs mit dem Anspruch versehen, einen wissenschaftlichen Beweis vorzulegen. Die Autoren räumten sogar selbst ein, dass solche Umfragen problematisch seien, Vorurteile befeuern könnten und zunächst einmal eine Art »Bauchgefühl der Wissenschaft« darstellen würden.[13]

2018 erschien eine weitere »Perspektive« des Autorenkollektivs. Vor dem Hintergrund des ungewöhnlich heißen Sommers warnten die Autoren vor einer bevorstehenden »Hothouse Earth«. Erneut entwickelte das Papier eine erhebliche Wirkung, so wurde die deutsche Übersetzung, »Heißzeit«, von der Gesellschaft für deutsche Sprache zum »Wort des Jahres« gekürt. Vom Erfolg beflügelt veröffentlichte die Gruppe 2022 eine dritte PNAS-Perspektive mit dem Titel: *Klima-Endspiel. Erkundung katastrophaler Klimawandelszenarien.*

Damit aber waren die Autoren um Schellnhuber in den Augen vieler Kollegen zu weit gegangen. Der Klimatologe Reto Knutti von der ETH Zürich gab zu Protokoll, dass das Papier »interessant zu lesen« sei und er die Autoren und ihre Arbeit »schätze«. Es handele sich jedoch um Meinungsbeiträge, die »vorhersehbar verzerren und verwirren, aber keine neuen Erkenntnisse liefern«.

Der Klimaforscher Thomas Stocker von der Universität in Bern, Vorsitzender des fünften UN-Klimareports, wies darauf hin, dass die Wissenschaft noch zu wenig über die Kipppunkte wisse. Jochem Marotzke, Direktor des Max-Planck-Instituts für Meteorologie in Hamburg, erklärte im *Spiegel* (5.10.2018): »Die Belege für solche Kipppunkte sind bisher eher schwach. Leider geht in der Klimadebatte oftmals das Augenmaß verloren.«[14] Sein Kollege, der Klimaphysiker Martin Claussen, pflichtete ihm im *Focus* (18.12.2019) bei: »Das Horrorszenario einer globalen Kaskade geht auf einen Aufsatz von 2018 zurück. Das war allerdings nicht wirklich wissenschaftlich, der Konjunktiv hatte darin

III.4. Die Politisierung der Klimaforschung

Hochkonjunktur. Es wurde spekuliert, was unter Umständen vorstellbar wäre.«[15] Und auch der US-amerikanische Klimawissenschaftler Bjorn Stevens, Leiter der Abteilung Atmosphäre im Erdsystem am Max-Planck-Institut für Meteorologie, äußerte sich in der *Zeit* (19.10.2022) ähnlich: »Wenn man genau hinschaut, halten die alarmierenden Geschichten einer wissenschaftlichen Überprüfung oft nicht stand.«[16]

In der Tat: Bei näherer Betrachtung geht der Alarmismus gar nicht von der Klimawissenschaft aus. Die meisten Forscher weisen vielmehr nüchtern auf die realen Gefahren hin. Hinweise auf eine bevorstehende Apokalypse gibt es selten. Auch vom UN-Weltklimarat gibt es keine Warnung vor dem Weltuntergang. Der Vorsitzende des Intergovernmental Panel on Climate Change (IPCC), Jim Skea, der immer wieder als Mahner vor den realen Gefahren des Treibhauseffektes in Erscheinung getreten ist, erklärte im *Spiegel*-Interview zu seiner Amtseinführung am 29.7.2023, dass die Welt bei 1,5 Grad Erwärmung nicht untergehe.

Vor dem Hintergrund der unübersichtlichen Debattenlage zu Kipppunkten und Weltuntergang veröffentlichten mehr als 200 Forscher unter Leitung der Universität Exeter einen vom Bezos Earth Fund finanzierten Report, der die Forschungen der vergangenen Jahre zusammenfasst, den *Global Tipping Points Report*. Neu an dem Bericht ist der Hinweis auf »positive Kipppunkte«, die dem Klimawandel entgegenwirken können, wie zum Beispiel der Ausbau der erneuerbaren Energien, eine Entwicklung, die heute schon unumkehrbar sei.

Der Bericht ist ausgewogen, weshalb er vergleichsweise wenig zur Kenntnis genommen wurde. Einer der bekanntesten Klimaforscher, Mojib Latif vom GEOMAR Helmholtz-Zentrum für Ozeanforschung Kiel, etwa erklärte: »Das Konzept der Kipppunkte ist nur so gut, wie auch seine Unsicherheit diskutiert wird.« – Es gäbe viele Variablen, die sich gegenseitig bedingen. Viele Daten seien nach wie vor unzureichend, um genaue Prognosen abzugeben. Nach den Schätzungen der Klimaforscher würden einige der möglichen Kipppunkte erst in 500 bis 13 000 Jahren aktuell werden. Latif wendet sich deshalb gegen die Katastrophenszenarien. Er stellt klar: Ab 1,5 Grad Erderwärmung gehe die Welt nicht unter. Das 1,5-Grad-Ziel sei schon 2015 unrealistisch gewesen, als es im Pariser Abkommen verankert wurde. Das Ziel sei sogar kontraproduktiv, weil es Panik hervorrufe anstatt dringend notwendiges Handeln.[17]

Ohne Zweifel hat das Wissenschaftlerkollektiv um Schellnhuber in den vergangenen 20 Jahren mit der Kipppunkte-These auch viel Positives bewirkt. Es hat auf mögliche, nicht revidierbare Kaskadeneffekte bei der Erderwärmung hingewiesen und damit der Wissenschaft eine Zielrichtung gegeben, nämlich genau diese potenziellen Kipppunkte zu erforschen. Sie haben gewarnt und auch zugespitzt. Und sie haben recht, wenn sie sagen, es sei »too risky to bet against climate tipping points«.[18]

Ich plädiere also keineswegs dafür, die Kipppunkt-Warnungen nicht ernst zu nehmen. Im Gegenteil: Selbst wenn die Wahrscheinlichkeit solcher Katastrophenszenarien nur wenige Prozent betragen sollte, muss sich jeder Verantwortliche in Politik und Gesellschaft ausführlich damit beschäftigen und Gegenstrategien entwerfen.

Auf der anderen Seite aber müssen die PIK-Autoren verstehen, dass ihre Thesen in Medien und Politik, vor allem auch bei NGOs und Klimaaktivsten verkürzt und dramatisiert wiedergegeben wurden. Hätten sich die Autoren dagegen nicht klar zur Wehr setzen, korrigierend eingreifen und widersprechen müssen?

III.4. Die Politisierung der Klimaforschung

Sie tragen – wie jeder, der sich äußert – Verantwortung nicht nur für die Substanz ihrer Arbeit an sich, sondern auch für die Wirkung. Das gilt auch für die Wirkung bei Vereinfachern und denen, die seriöse Thesen nicht wissenschaftlich falsifizieren, sondern politisch instrumentalisieren wollen. Haben sie der Ideologisierung ihrer wissenschaftlichen Arbeiten entgegengewirkt? Oder haben sie es – zumindest ein wenig – genossen, plötzlich nicht mehr nur im Kreise der Peers, sondern für eine breitere Öffentlichkeit wichtig zu sein, zitiert zu werden, es in die Medien und die politischen Debatten zu schaffen? Sind sie – ohne bösen Willen, vielleicht nur aus Geltungsbedürfnis – in die »Klimafalle« getappt, vor der Hans von Storch warnt? Die Wissenschaftler um Professor Schellnhuber, den ich – um es nochmals zu sagen – wirklich respektiere, sollten nun gegensteuern und der aus dem Ruder gelaufenen Wirkung und ideologisierten Interpretation ihrer wissenschaftlichen Arbeiten entschiedener entgegentreten.

Das gilt zumal für das berühmte 1,5-Grad-Ziel, das seit dem Pariser Klimaabkommen 2015 als Zielmarke wahrgenommen wird. Die verbreitete Wahrnehmung in der Öffentlichkeit ist seitdem: Wenn der Temperaturanstieg diese Marke übersteigt, drohen die Kipppunkte und der Beginn der Apokalypse. Vielleicht sollten die PIK-Wissenschaftler im Sinne von Latif (siehe oben) klarstellen, dass das 1,5-Grad-Ziel nicht als Ergebnis wissenschaftlicher Arbeit entstanden ist, sondern eine mehr oder weniger willkürliche Festlegung war, die im Dialog zwischen Politik und NGOs zustande gekommen ist. Man sollte das Abkommen auch genau lesen: Ziel ist es, die globale Erwärmung »deutlich unter 2 Grad Celsius über dem vorindustriellen Niveau« zu halten und »*Anstrengungen* [Hervorhebung des Autors] zu unternehmen, um die Erderwärmung auf 1,5 Grad zu begrenzen«. Schon ein Hinweis auf dieses Wording würde zu einer rationaleren Betrachtung beitragen. Hans Joachim Schellnhuber könnte das mit seinem enormen Renommee machtvoll tun. Er ist nämlich einer der Wegbereiter des 2-Grad-Ziels. Ich weiß noch genau, wie stolz er (zu Recht) darauf war, entscheidend daran mitgewirkt zu haben, diese Marke im globalen Klimadialog verankert zu haben. Dass dann andere – nicht aus zwingenden wissenschaftlichen, sondern politischen Gründen – noch eins draufgesetzt haben, ist ärgerlich. Der Unterschied ist gewaltig. Das 1,5-Grad-Ziel ist schon jetzt reine Utopie. Diese immer offenkundiger werdende Tatsache wird bei einigen zu verstärkten Ängsten und Panik, bei anderen zu Resignation und Rückzug, bei anderen wiederum zur weiteren Radikalisierung führen.

Die bekannten Autoritäten unter den Klimaforschern in Deutschland und Europa sind gefragt, einen wichtigen Beitrag zur Versachlichung der Debatte zu leisten.

III.5. Angstmache in Schulen und Medien

Das Gleiche darf man getrost mit Blick auf die sich jagenden Schreckensnachrichten in den Medien sagen, die mittlerweile vielfach eher politischen Kampagnen als sachlicher Berichterstattung gleichen. Es gibt ohne Zweifel ausgewogene Darstellungen und ausgezeichnete Beiträge von Journalisten, die sich dem Ernst des Klimawandels nüchtern stellen. Aber andere Journalisten greifen sich aus den wissenschaftlichen Studien oft nur heraus, was die meisten Klicks generiert. Und das sind eben nicht differenzierte und ausgewogene Beschreibungen der Situation. Vielmehr schauen viele Redakteure nach Überschriften, die

die Gefahren am eindringlichsten und schrillsten schildern und die größte Aufmerksamkeit auf sich ziehen. So entstehen weitere Verzerrungen. Man könnte das die Klickfalle nennen.

Hinter vielen Medienberichten spürt man die Überzeugung, dass es angesichts der drohenden Apokalypse die Aufgabe von Journalisten sei, nicht nüchtern zu berichten, sondern Engagement an den Tag zu legen. Sie hätten sogar die Pflicht, ihre Wirkungsmöglichkeiten zu Aufklärung und Aufrüttelung zu nutzen. So haben Zeitungen wie die *taz* ihre Redakteure sogar dazu angehalten, eine besonders drastische Wortwahl zu benutzen. Statt »Erderwärmung« eher »Erderhitzung«, statt »Klimakrise« lieber »Klimakatastrophe« oder »Klimazusammenbruch«. Auch der Begriff »Klimanotstand« wird empfohlen, da sei der Ruf nach Widerstand gleich mitgeliefert. Die Medien übertreffen sich an Schreckensmeldungen und Untergangsrhetorik, die aber in der Regel nicht zu konkretem Handeln, sondern oft zur Radikalisierung oder Resignation führen.

Haltung zeigen oder sagen, was ist?

Nicht nur bei der *taz*, auch in anderen Redaktionen gibt es Debatten, ob es ausreicht, nur sachlich zu berichten, oder ob man nicht angesichts der nahen Katastrophe »Haltung zeigen« muss. Juli Zeh und Simon Urban haben diese unterschiedlichen journalistischen Ansätze in ihrem Roman *Zwischen Welten* (2023) mit den Protagonisten Theresa und Stefan wunderbar herausgearbeitet. Ähnlich wie von Zeh/Urban beschrieben, lud der *Stern* die Klimaaktivisten von Fridays for Future tatsächlich ein, eine Ausgabe des Magazins zu gestalten. Viele Redaktionen haben Klimaaktivsten engagiert und drucken Klima-Sonderbeilagen – man will schließlich keinen Trend verpassen, Jugendliche als Kunden gewinnen und im Mainstream mitschwimmen.

Aber ist es wirklich die Aufgabe von Journalisten, Haltung zu zeigen? Im ausgewiesenen Kommentar ist das natürlich gefragt. Zunächst aber sollte Journalismus in erster Linie dem berühmten Motto Rudolf Augsteins folgen: Sagen, was ist. Dazu gehört es, dem Andersdenkenden Raum für seine Sicht der Dinge zu geben, ihm nüchtern zuzuhören und das Pro und Contra zu erörtern. So, wie es das Motto des *Pioneer*-Gründers Gabor Steingart vorsieht: Wahrheit gibt es nur zu zweien – nach dem Wort Hannah Arendts. Argumentieren, nicht eifern! Dass kritische Berichterstattung auch etwas damit zu tun hat, gegen den Strom zu schwimmen, allgemeine Trends infrage zu stellen, den immer wiederkehrenden Gleichschritt von Bewegungen abzulehnen – das ist ziemlich in Vergessenheit geraten.

Besonders ärgerlich ist der belehrende, allwissende Unterton vieler Berichte, selbst in der *Tagesschau* oder im *ZDF-heute-journal*. Manche Journalisten verwechseln hier den öffentlich-rechtlichen Auftrag zur Information mit Volkserziehung. Die im Mainstream populären Personen werden in den Talkshows gehypt und können gar nicht oft genug eingeladen werden, andere werden ignoriert oder zu einem Sendungskonzept eingeladen, in dem sie vorgeführt werden. Mancher Wissenschaftler, manche Wissenschaftlerin wird in Nachrichten und Politiksendungen zum Wahrheitsverkünder stilisiert, andere dagegen von vornherein als »umstritten« dargestellt.

Jeder Krieg, jede Hungersnot, jedes außergewöhnliche Naturereignis wird inzwischen mit dem Klimawandel in Verbindung gebracht. Ich habe über das Thema Kriege, Krisen und Klimawandel an der Universität Bonn 2022 ein Hauptseminar abgehalten. Das Ergebnis der Arbeiten der Studenten und unserer Diskussionen war eindeutig: klimatische Veränderungen wirken oft als »threat multiplier«, also Verstärker von ohnehin vorhandenen wirtschaftlichen, ethnischen oder religiösen Auseinandersetzungen. Die Bürgerkriege und Kriege in Afrika, Nahost oder Asien aber auf den Klimawandel zu reduzieren, ihn gar ursächlich dafür verantwortlich zu machen, ist fast immer eine Fehldeutung.

Generell ist durch die Medienberichterstattung der Eindruck entstanden, als hätte der Klimawandel dazu geführt, dass Wetterkatastrophen häufiger und mit mehr Opfern als früher auftreten. Es hat sich im Bewusstsein vieler Menschen die Überzeugung etabliert, dass Überflutungen, Hungersnöte, Seuchen, Stürme und Unwetter allein im Klimawandel ihre Ursache haben. Die Naturkatastrophen würden immer schlimmer, es gäbe durch extreme Wetterlagen viel mehr Tote und ein starkes Anwachsen von Katastrophen, die Schäden in Milliardenhöhe verursachen.

Aber stimmt das wirklich? Die Universität Leuven betreibt das renommierte Centre for Research on the Epidemiology of Disasters (CRED). Das Forschungsinstitut verfügt über eine Datenbank für Naturkatastrophen (Emergency Events Database, kurz EM-DAT). Tatsächlich zeigen deren Grafiken einen deutlichen Anstieg. Allerdings wird hier nicht die tatsächliche Häufigkeit von Naturdesastern dokumentiert, sondern die gemeldete Zahl. Früher wurden extreme Wetterereignisse nicht unbedingt gemeldet, ja sie wurden gerne vertuscht. Für die gesamte Sowjetunion wurden zum Beispiel zwischen 1920 und 1980 lediglich fünf Wetterkatastrophen gelistet. Erst seit der Debatte über den Klimawandel und der Verbreitung des Mobiltelefons mit Kamera

III.: Die Gefährdung des grünen Paradigmas

wird genau registriert, was wo und wie genau geschieht. Naturgemäß hat diese erhöhte Aufmerksamkeit zur Wahrnehmung eines Anstiegs der Extremereignisse geführt.

Das bedeutet keineswegs, dass die Alarmsignale beim Wetter nicht ernst zu nehmen sind. Auch wenn nicht jede Naturkatastrophe automatisch auf den Klimawandel zurückgeführt werden darf, ist dennoch nachweisbar, dass sich das Risiko von Wetterextremen durch den Klimawandel erhöht hat. Größere Hitze, Wassermangel in einigen Regionen, Starkregen und Sturmfluten in anderen haben zugenommen, und die Angriffsflächen für extreme Ausschläge des Wetters wachsen mit dem Wachstum der Weltbevölkerung und der Zusammenballung der Menschen in Megastädten ständig. Allerdings gehört auch zum Gesamtbild, dass die Wahrscheinlichkeit, wegen einer Wetterkatastrophe zu sterben, um mehr als 95 Prozent gesunken ist.[19] Trotz der seit Beginn des 20. Jahrhunderts vervierfachten Weltbevölkerung gibt es deutlich weniger Wettertote als früher. Bessere Vorhersagen, Bauweisen, Infrastruktur und digitale Warnmechanismen haben dies ermöglicht.

Statt aber differenziert solche Sachverhalte zu erläutern und aus unterschiedlichen Perspektiven zu debattieren, überbieten sich manche Medien mit Schreckensszenarien. Das ist, man muss es so klar sagen, in vielen Fällen verantwortungslos.

Das gilt auch für die Angstmache, die wir heute an vielen Schulen erleben. Verantwortungslos ist es, wenn der *WDR* Lehrern und Schülern eine App anbietet, die mittels Augmented Reality, also durch visuell erweiterte Realität, den Klimawandel erfahrbar machen soll – und dabei nicht über den Klimawandel sachlich aufklärt, sondern Schülern und Lehrern das Klima-Armageddon präsentiert. So stehen sie auf einmal im brennenden

III.5. Angstmache in Schulen und Medien

Wald in Gummersbach oder sehen die Wassermassen der Flut im Ahrtal. Der *WDR* preist sein Produkt. Man könne einen Waldbrand miterleben, fast, als sei man mittendrin – das sei moderner Unterricht. Eine brennende Erdkugel wird gezeigt oder aber eine rasch ansteigende Flutwelle in der Animation mitten um die Schüler herum. Das ist nicht Aufklärung oder erfahrbare Realität, das ist Agitation und Panikmache – bezahlt von den Rundfunkbeiträgen der Bürger. Und solche Bilder in den Köpfen der jungen Menschen zeigen Wirkung. Meine Kinder sind 18 und 20 Jahre alt. Wir diskutieren viel über diese Fragen. Und ich habe dabei erfahren, wie solche Berichte, verstärkt durch einseitige Darstellungen mancher Lehrer, auf Jugendliche wirken. Das ist nicht nur Bewusstmachen (was richtig wäre), sondern oft Angstmachen. Viele junge Leute glauben oft wirklich, was sie auf Plakaten lesen: »Die Älteren werden an Altersschwäche sterben, die Jüngeren am Klimawandel.«

Eine Umfrage aus dem Jahr 2021, durchgeführt von Wissenschaftlern der University of Bath in Großbritannien unter 10 000 jungen Menschen im Alter von 16 bis 25 Jahren in zehn Ländern ergibt, dass drei Viertel der jungen Menschen Angst vor der Zukunft haben, 39 Prozent aus Furcht vor dem Klimawandel voraussichtlich keine Kinder mehr zeugen wollen und mehr als die Hälfte glaubt, dass die Menschheit dem Untergang geweiht ist.

So berechtigt die Warnung vor Panikmache ist, so verantwortungslos wäre es, den Klimawandel zu verharmlosen. Es muss über die Gefahren gesprochen und aufgeklärt werden, aber auch über die Möglichkeiten und verschiedenen Wege, die die Menschen zur Abwendung oder Eindämmung der Gefahr haben. Nicht ideologiegetriebener Alarmismus, sondern nüchterne Auseinandersetzung mit diesem wichtigen Thema ist gefragt.

III.6. Anpassung an den Klimawandel

Die Weltgemeinschaft hat durch das Pariser Abkommen die Weichen zur Begrenzung der Aufheizung der Atmosphäre gestellt. Seitdem wird fast überall auf der Welt an der Dekarbonisierung der Energieerzeugung, der Industrie, des Verkehrs- und Wärmesektors gearbeitet. Aber selbst wenn die Menschheit ab jetzt alles richtig machen würde, wird noch viel Zeit vergehen, bis die jetzt eingeleiteten Maßnahmen wirklich greifen. Der Treibhauseffekt und die damit einhergehende Erwärmung der Atmosphäre werden dazu führen, dass die Zahl extremer Wetterlagen zunehmen wird. Wir müssen lernen, damit zu leben und uns dagegen zu schützen. Das können wir auch. Schon in vergangenen Jahrhunderten, ja Jahrtausenden hat der natürliche Klimawandel den Menschen gewaltige Anpassungsleistungen abverlangt. Sie haben sie bewältigt. Wir sollten heute – mit all unserem technischen Wissen – erst recht dazu in der Lage sein.

Dieses Thema sollte auf den UN-Konferenzen eine größere Rolle bekommen. Auf der COP 28 in Dubai 2023 wurde mit bemerkenswerter Unterstützung der Bundesregierung immerhin ein Climate Desaster Fund geschaffen, mit dem den ärmsten Ländern der Welt geholfen werden soll, Naturkatastrophen vorzubeugen, ihnen zu begegnen und auftretende Schäden zu beseitigen. Das war ein erster, aber wichtiger Schritt.

Aber noch immer stehen diejenigen, die Gelder für solche konkreten Hilfsmaßnahmen vorhalten wollen und Anpassungspläne für die Menschen in den heißeren Gegenden des Globalen Südens vorschlagen, unter dem Generalverdacht, sie akzeptierten damit ja letztlich den Klimawandel und trügen mit »Anpassungsprojekten« zur Verharmlosung und Akzeptanz des Klimawandels bei.

III.6. Anpassung an den Klimawandel

Grüne Mauer in Afrika

In einem meiner Workshops am King's College London kam die Frage auf, was die konkrete Aufgabe von Klimaschutz angesichts der Ausbreitung der Wüsten in Westafrika und der damit verbundenen Wasserknappheit sei. Ich plädierte dafür, konkrete Pläne für Wassermanagement zu ergreifen und zum Beispiel das Projekt der Afrikanischen Union (AU) zur Errichtung einer Grünen Mauer mit einem Baumgürtel von 15 km Breite und 7000 km Länge zu unterstützen, das sich vom Senegal bis Dschibuti erstrecken soll.[20] Daraufhin giftete mich eine Studentin an, dass solche Maßnahmen nur ein Kurieren von Symptomen darstellten. Mit der Unterstützung von solchen Anpassungsprojekten entzöge man dem notwendigen Ausbau erneuerbarer Energien wichtige Gelder und verbreite die Illusion, dass die drohende Klimakatastrophe gar nicht so schlimm sei. Ich räumte ein, dass solche Maßnahmen in der Tat die Ursache des Übels nicht beseitigen würden. Aber sie könnten das Leid lindern und etwa durch die Anpflanzung von Millionen von Bäumen auch vielen Menschen eine sinnvolle Arbeit geben. Es nutze jedenfalls den Menschen im Tschad, im Sudan oder Senegal wenig, wenn ich als Antwort auf ihre Notlage erklärte, dass wir den Ausbau der Erneuerbaren beschleunigen müssten. Natürlich dürfe die Hilfe im konkreten Fall nicht zum Alibi für Nichtstun in der Klimapolitik hierzulande werden.

Wie sehr ist etwa Bjørn Lomborg, Professor an der Kopenhagen Business School für seine Publikationen angegriffen worden! Er leugnet den Klimawandel keineswegs, hadert nur mit unseren bisherigen Konzepten und fordert eben auch Anpassungsmaßnahmen des Menschen an den Klimawandel. Viel schlimmer als

Kritik aber ist, dass er – trotz seiner Kompetenz und Eloquenz – meistens gecancelt, gar nicht beachtet wird.[21]

In den Ländern des Globalen Südens sind wegen der direkten Betroffenheit und aktuellen klimatischen Lage die Anpassungsmaßnahmen im Mittelpunkt des Interesses – und sie sind oft sehr erfolgreich. 1986 habe ich zum ersten Mal Bangladesch besucht, das nach dem schweren Taifun 16 Jahre zuvor immer noch dabei war, den Schutz für die rasch anwachsende Bevölkerung vor den Überschwemmungen des Landes und dem riesigen Ganges-Brahmaputra-Meghna-Delta auszubauen. Bangladesch ist nur halb so groß wie die Bundesrepublik, verfügt aber über fast doppelt so viele Einwohner wie Deutschland. Es wird durchzogen von Flüssen und liegt nur knapp über dem Meeresspiegel des Golfes von Bengalen. Kaum ein Land wäre von einem signifikanten Ansteigen des Meeresspiegels stärker betroffen als Bangladesch. Zwar kennt man die alljährlichen Fluten in den Zeiten des Sommermonsuns und lebt seit Generationen mit der Überflutung von über einem Drittel des Landes. Früher kam es immer wieder zu großen Katastrophen. Eine Sturm- und Flutkatastrophe führte dort zum Beispiel 1990 zu über 100 000 Toten. Der Klimawandel verstärkt die immer schon schwierige Lage. Überschwemmungen und Starkregen treten häufiger auf. Gerade Bangladesh ist aber ein hervorragendes Beispiel dafür, wie der Mensch vorsorgen und sich schützen kann. Gegenüber dem *Spiegel* (4.8.2021) erläuterte der Leiter des in Dhaka ansässigen International Center for Climate Change and Development (ICCCAD) Saleemul Huq, wie es Bangladesh gelungen ist, die Zahl der Opfer bei Katastrophen drastisch zu reduzieren: durch digitale Warnsysteme und Warnketten, wasserdichte Notfallpakete in den Haushalten, Schwimmunterricht usw. Seitdem hat man durch Dämme, Brücken, erhöhte Verkehrswege und Wassermanagement den Bevölkerungsschutz drastisch verstärkt. Dennoch: Das flache Land mit der riesigen Flussmündung wird auch zukünftig immer wieder mit Fluten und Stürmen zu tun haben. Diese Maßnahmen machen in den Augen der Bengalen den Unterschied, nicht unsere Predigten, Bangladesh möge doch auf die Nutzung heimischer Kohle verzichten.

Der Klimawandel ist ein ernsthaftes Problem, das bekämpft werden muss. Aber er wird nicht zum Ende der Menschheit führen. Der Mensch hat drei Eiszeiten und die Vulkanausbrüche von Tura und Toba überlebt. Er existiert und gedeiht in der extremen Kälte in Nordpol-Nähe und in der Hitze der Wüste. Der Klimawandel darf nicht verharmlost werden. Aber sind die Gefahren eines nuklearen Weltkrieges, der Auflösung der Demokratie oder die Entwicklungen der künstlichen Intelligenz, wie sie der israelische Wissenschaftler Yuval Noah Harari in *Homo Deus* (2017) beschreibt, nicht mindestens gleichwertige Herausforderungen für das Überleben des Homo sapiens?

III.7. Deutschland und die EU – »Zieleritis« statt echter Erfolge

In Berlin und Brüssel ist die Zeit seit dem Pariser Klimaabkommen durch einen Wettbewerb gekennzeichnet, wer die ehrgeizigsten Klimaziele formuliert und mehrheitsfähig macht. Hatte man bis dahin Vorgaben mit Augenmaß und Realismus definiert, brach nun ein Überbietungswettbewerb aus, den ich als »Zieleritis« bezeichne. Immer ehrgeizigere Vorgaben in allen Bereichen und Sektoren: Energieerzeugung, Industrie, Verkehr, Gebäude und

III.: Die Gefährdung des grünen Paradigmas

Mobilität, ebenso für Fortschritte in der Energieeffizienz, für die Steigerung des Ausbaus erneuerbarer Energien usw.

Europa will 2050 klimaneutral sein, Kanzlerin Merkel und der Großen Koalition reichte das nicht. Sie gaben für Deutschland das Ziel 2045 aus. Köln, Stuttgart und Hannover wollen schon 2035 das Ziel erreicht haben. In Berlin scheiterte eine Volksabstimmung, schon 2030 *net-zero* zu erreichen.

Warum dieser Sonderweg für Deutschland? Er kommt uns teuer zu stehen und untergräbt schon jetzt unsere Wettbewerbsfähigkeit. Ohne diesen Sonderweg bräuchten wir keine Sonderregeln, zum Beispiel kein Kohleausstiegsgesetz. Der europäische Emissionshandel würde sicherstellen, dass das EU-Klimaziel erreicht wird. Das Vorziehen des Ziels der Klimaneutralität hat einen Tsunami von Klimagesetzen und eine beispiellose Kostenflut ausgelöst. Es hört sich gut an, früher als alle anderen die Ziele zu erreichen – jedenfalls solange das Preisschild verdeckt ist. Aber bald werden die Bürger merken: Der Musterschüler muss einen hohen Preis bezahlen.

Begonnen hatte die Geschichte der Klimaziele eher moderat, mit Ambition, aber auch Augenmaß. Im Kyoto-Protokoll, das im Rahmen der dritten Konferenz der Vertragsparteien der UN-Klimakonvention (COP 3) im Dezember 1997 beschlossen wurde, verpflichtete sich Deutschland, seine THG-Emissionen bis 2012 um 21 Prozent gegenüber 1990 zu reduzieren. Das gelang vor allem, weil nach der europäischen Revolution von 1989/90 viele Kohlekraftwerke in der ehemaligen DDR und Mitteleuropa abgeschaltet bzw. modernisiert wurden. Im real existierenden Sozialismus war Umweltverschmutzung kein Thema gewesen. Ich erinnere mich noch gut an meine Besuche in der DDR vor und nach der Wende: In manchen Städten konnte

III.7. Deutschland und die EU – »Zieleritis« statt echter Erfolge

man kaum atmen. Die Umsetzung der ersten Klimaziele war ein gewaltiger Fortschritt für die Lebensqualität der Menschen, die Umwelt und das Klima generell.

2007 rief die Europäische Union dann im Rahmen ihres Klima- und Energiepaketes das Ziel »20-20-20 bis 2020« aus. Das bedeutete, dass die EU bis zum Jahr 2020 mindestens 20 Prozent Treibhausgasemissionen sparen wollte, eine Steigerung des Ausbaus der erneuerbaren Energien um mindestens 20 Prozent am Gesamtverbrauch und eine Erhöhung der Energieeffizienz um 20 Prozent anstrebte – jeweils im Vergleich zu den Werten von 1990. Auch diese Zielvorgaben wurden zum größten Teil erreicht. Auch hier gilt: Eine hervorragende Leistung der EU und ihrer Mitgliedsstaaten. Die Klimapolitik war mit ehrgeizigen, aber realistischen Zielen auf einem guten Weg.

Das gilt auch für das 2014 von der Bundesregierung vorgelegte Aktionsprogramm Klimaschutz 2020, das für Deutschland vorsah, bis 2020 seine THG-Emissionen um mindestens 40 Prozent im Vergleich zu 1990 zu reduzieren und die erneuerbaren Energien auf einen Anteil von 18 Prozent im Strommix zu bringen. Diese Ziele, die im Rahmen eines strategischen Grundsatzpapiers der Bundesregierung keine rechtliche Verbindlichkeit besaßen, entwickelten dennoch als Leitschnur für Politik und Wirtschaft viel Kraft. Die angestrebte 40-Prozent-Emissionsminderung wurde nur knapp verfehlt, das Ziel bei den Erneuerbaren mit ca. 20 Prozent sogar übererfüllt. So weit, so gut.

Seit dem Pariser Klimaschutzabkommen 2015 und dem in Verbindung damit verbreiteten und immer mehr an Kraft gewinnenden Narrativ von Kipppunkten und einer drohenden Apokalypse kam es zu einer explosionsartigen Zunahme von Zielvorgaben. Ab nun waren die meisten Ziele nicht mehr nur politische

Programme, sondern wurden zunehmend in europäischer und nationaler Gesetzgebung verankert – mit regelmäßigem und verbindlichem Monitoring und sogar der Möglichkeit, diese Ziele einzuklagen.[22] Keine zukünftige Regierung oder EU-Kommission in der Zukunft sollte an den festgelegten Marken vorbeikommen.

Mit dem Green Deal der EU von 2019 wurde das Ziel ausgegeben, bis 2030 eine Reduktion von mindestens 55 Prozent Treibhausgasemissionen zu erreichen. Bis 2050 soll Klimaneutralität erreicht sein. Der Anteil der Erneuerbaren soll bis 2030 auf mindestens 42,5 Prozent steigen. Diese – bereits sehr ambitionierten – Ziele aber gingen Deutschland nicht weit genug. 2021, noch unter Kanzlerin Merkel wurde das Klimaschutzziel verschärft: Klimaneutralität sollte nicht erst 2050, sondern schon 2045 erreicht werden. 2023 hat unser Land 46 Prozent weniger emittiert als 33 Jahre zuvor, nämlich 1990. Ein Erfolg, der allerdings zu einem großen Teil auf die Abschaltung der »DDR-Dreckschleudern« zurückgeht. Ist es realistisch, die übrigen 54 Prozent in 20 Jahren zu schaffen, wo ein solcher Sondereffekt nicht nochmal zur Verfügung steht? Hinzu kommt, dass die letzten 20 Prozent immer die teuersten sind ...

Die Regierung Merkel hatte allerdings einen Grund für die neue Ambition. Das Bundesverfassungsgericht hatte am 24. März 2021 eine Klimaschutz-Entscheidung getroffen, die in dieser Rigorosität die EU und alle anderen Länder in den Schatten stellte. Das höchste deutsche Gericht erklärte Klimaschutz zum Grundgesetzauftrag und verlieh damit den Zielen des Pariser Abkommens sowie des Bundesklimaschutzgesetzes quasi Verfassungsrang. Wenn die jüngeren und nachfolgenden Generationen im selben Umfang Freiheiten genießen sollten wie die heutige, müsse der CO_2-Fußabdruck Deutschlands auf null reduziert werden. CO_2-basierte Freiheitsausübung wie bisher sei auf Dauer nicht mehr möglich.

Man kann mit guten Gründen die Frage aufwerfen, ob sich das Bundesverfassungsgericht mit seinen Klimavorgaben nicht zu weit auf politisches Terrain begeben und sich die Rolle einer Oberlegislative ohne demokratische Legitimation angemaßt hat. Unser höchstes Gericht hat seine große Autorität historisch aus einer gewissen politischen Zurückhaltung gezogen, die hier ganz offenkundig aufgegeben wurde. Aber da wir in einer gewaltenteiligen Demokratie leben, gelten die Entscheidungen des obersten Gerichts und müssen umgesetzt werden. Deutschland muss in seiner Klimapolitik alles tun, um diesem neuen Verfassungsgebot zu genügen. Allerdings läuft unser Land dabei Gefahr, erneut auf einen Sonderweg zu geraten, der mit der Klimapolitik unserer europäischen Partner nicht kompatibel ist. Wie will man sich aus diesem Dilemma befreien, in das die »Zieleritis« geführt hat? Die Gefahr ist groß, dass die Ziele mit Verfassungsrang am Ende nur durch Deindustrialisierung und Wohlstandsverzicht erreicht werden können.

Im Jahre 2023 begann sich abzuzeichnen, dass weder die EU noch Deutschland die gesetzten Klimaziele bis 2030 erreichen würden. Aber das hielt die EU-Kommission nicht davon ab, Anfang Februar 2024 ein neues Ziel auszugeben: Bis 2040 müssten 90 Prozent Treibhausgase eingespart werden. Als Begründung wird auf den EU-Klimabeirat verwiesen, der dargelegt hatte, dass das 1,5-Grad-Ziel von Paris nur eingehalten werden könne, wenn man eine Reduktion von 90–95 Prozent bis 2040 erreiche. Wohlgemerkt: Der Klimabeirat hat nicht untersucht, ob das Ziel unter ökonomischen Kriterien sinnvoll oder realistisch ist und

III.: Die Gefährdung des grünen Paradigmas

was es für die globale Wettbewerbsfähigkeit der europäischen Industrie bedeutet, sondern lediglich gesagt, wie viel Prozent eingespart werden müssten, damit man die 1,5-Grad-Grenze nicht überschreitet.

Wenn doch die Ausgabe immer ehrgeizigerer Vorgaben doch wenigstens dem Klima nutzen würde! Aber auch das ist mitnichten der Fall: Deutschland war im Winter 2023/24 zusammen mit Polen das europäische Land mit dem höchsten CO_2-Ausstoß.[23] Daran tragen ohne Zweifel die Folgen des Ukrainekrieges viel Schuld. Darüber hinaus herrschte über Wochen Dunkelflaute, d. h. weder wehte der Wind, noch schien die Sonne. Es war vor diesem Hintergrund allerdings ein schwerer Fehler, mitten in der Energiekrise die drei am Netz verbliebenen Atomkraftwerke abzuschalten. Sie hätten für einige weitere Jahre CO_2-frei Strom produzieren können. Die Regierung entschied sich zwar für einige Monate für einen »Streckbetrieb«, dann aber wurden gegen den Ratschlag der Experten in den Ministerien die AKW vom Netz genommen. So musste die Kohle wieder einspringen. Die Reservemeiler wurden hochgefahren, und von Kolumbien bis Südafrika zusätzlich Kohleimporte in Auftrag gegeben. Im April 2022 lagen unsere Einfuhren allein aus Südafrika um das zehnfache höher als im Vergleichsmonat des Vorjahres. Deutschland fordert und fördert die grüne Energiewende in Südafrika, kauft gleichzeitig aber dort vermehrt Kohle!

Auch zwei Jahre später lag der Anteil von Kohle am Strommix laut dem Fraunhofer Institut für Solare Energiesysteme (ISE) bei rund 25 Prozent! Wer in solchen Zeiten sein Elektroauto lädt oder mit der Wärmepumpe heizt, sollte dabei den Ausstoß von Kohlendioxid in den Kohlekraftwerken vor Augen haben! Mit einem modernen Diesel oder einer neuen Gasheizung wäre der

CO_2-Fußabdruck bei dieser Art der Stromproduktion niedriger.

Der von der Bundesregierung eingesetzte Expertenrat für Klimafragen und ein Projektionsbericht des Umweltbundesamtes (UBA) kamen in zwei unabhängig voneinander erstellten Studien Ende August 2023 zu dem Ergebnis, dass Deutschland weit hinter den selbstgesetzten Klimazielen für 2030 zurückbleibt. Zwischen 2023 und 2030 sieht der UBA-Projektionsbericht eine Klimaschutz-Lücke von 331 Millionen Tonnen CO_2-Äquivalenten – etwa 40 Prozent der Jahresemission von 2022.[24] Der Expertenrat für Klimafragen konstatierte eine »Abweichung zwischen der Realität und den Annahmen der Bundesregierung«. – Die erreichten Ergebnisse würden im Widerspruch zum hohen Anspruch stehen. Selbst bei vollständiger Umsetzung aller bisher geplanten Maßnahmen werde die Lücke voraussichtlich größer sein als von der Regierung angegeben. Schließlich bemängelte die stellvertretende Vorsitzende des Gremiums, Brigitte Knopf, die »fehlende Abschätzung von ökonomischen, sozialen und weiteren ökologischen Folgewirkungen« des Regierungsprogramms.[25]

Und damit nähern wir uns dem Kern des Problems. Die Klimarhetorik, die Ankündigungen und Ziele und die Wirklichkeit klaffen erheblich auseinander. Ja, der Eindruck drängt sich auf, als würden Ankündigungen und Langfristziele eine Art Ersatzhandlung für durchschlagende Erfolge bei der Senkung der Treibhausemissionen sein. Man könnte sogar sagen, dass die Lautstärke und Häufigkeit von programmatischen Erklärungen und Zukunftsvisionen umgekehrt proportional zu den konkreten Ergebnissen stehen. Die Gesinnung stimmt, und dafür wird viel Lob kassiert. Der Erfolg aber lässt – leider, leider – auf sich warten. Luisa Neubauer von Fridays for Future erklärte: »Deutschland stellt sich immer gern als Klimavorreiter dar, die Erfolgsbilanz ist jedoch eine Katastrophe.«[26] Meine Diagnose fällt nicht so drastisch, aber doch ähnlich aus. Allerdings habe ich andere Therapievorstellungen.

Man setzt sich im Leben ehrgeizige Ziele, damit man eigene Kräfte mobilisiert und dadurch den Vorgaben nahekommt. Sind die Ziele aber zu ambitioniert, kann das zu Resignation, aber auch zu Verbissenheit führen. Meine große Sorge besteht darin, dass Jahr für Jahr klarer wird, dass die hochgesteckten Ziele verfehlt werden. Hoffentlich führt das nicht zum enttäuschten Rückzug ins Private einerseits oder zu Radikalisierung und Gewalt andererseits.

Es gibt eine weitere Gefahr dieser Entwicklung: dass wir mit überambitionierten Zielen und immer höheren Kosten allmählich den guten Willen der Bevölkerung verlieren, dass Klimaschutz – wie schon einmal während der Finanzkrise 2007/08 – auf einen *back seat* verwiesen wird oder es sogar zu Protesten vergleichbar den Gelbwesten in Frankreich kommt. Das muss verhindert werden durch die Aufgabe von überehrgeizigen Zielen. Wenn die Bundesregierung die 2-Grad-Grenze als zu unterschreitende Wegmarke akzeptieren würde und für die Klimaneutralität – wie die EU – das Jahr 2050 vorsehen würde, wären das immer noch ambitionierte, aber doch erreichbare Ziele. Das könnte Kräfte mobilisieren, der Deindustrialisierung entgegenwirken und die geistige Abwanderung der Bürger verhindern.

III.8. Die Illusion von der Vorreiterrolle

Der Bundesverband der Deutschen Industrie (BDI) lädt traditionell gegen Ende einer COP zum Abend der deutschen Wirtschaft ein. Auf der COP 28 in Dubai hatte BDI-Vize Holger Lösch die deutsche Außenministerin Annalena Baerbock als Rednerin gewonnen, die von der gewaltigen Aufgabe des Klimaschutzes sprach. Deutschland sei da »Vorreiter«. Dann korrigiert sie sich: nein, *inzwischen* gäbe es ja »mehrere Vorreiter«. Und jetzt müssten mehr Länder für ehrgeizigere Ziele gewonnen werden.

Ich weiß nicht, ob sie das Stirnrunzeln der deutschen Unternehmer und Manager, aber auch der eingeladenen Gäste der UAE bemerkt hat: Ist es klug, sich auf einer internationalen Konferenz so selbst auf die Schulter zu klopfen? Vor allem: Sind wir wirklich noch Vorreiter? Wir haben gerade die Kohle im Energiemix hochgefahren (als Ergebnis des Ukrainekrieges und des Abschaltens von drei Kernkraftwerken). Ja, wir kündigen an, schon 2030 aus der Kohle aussteigen zu wollen, und haben großartige Ziele in allen Bereichen. Es hört sich gut an, wenn wir das Ziel ausgeben, bis 2035 Offshore-Windenergie mit einer installierten Kapazität von 40 GW aufgebaut zu haben. Aber schaffen wir es wirklich, die im Sommer 2024 im Betrieb stehenden 8,5 GW in zehn Jahren fast zu verfünffachen – angesichts steigender Kosten durch Zinserhöhungen und Inflation, fehlender Fachkräfte sowie der »Bottlenecks« bei Spezialschiffen, Konverterplattformen oder Umspannwerken?

Beim Ehrgeiz der Ziele und der Lautstärke der Versprechen sind wir Vorreiter. Aber in der Wirklichkeit? Ein Inder, Vertreter eines deutschen Unternehmens in den Emiraten, flüstert mir empört zu, wie Deutschland 2022 das Flüssiggas in aller Welt mit hohen

Preisen »aufgesaugt« habe. Es habe LNG-Tanker mit Destination Bangladesch gegeben, die schon in Sichtweite des schwimmenden Terminals Moheshkali angekommen waren, dann aber plötzlich wendeten, weil Deutschland mehr Geld geboten habe. Viele Länder im Globalen Süden hätten diesen Preiskrieg nicht mitmachen können und deshalb ihre Kohleförderung hochfahren müssen. Auf der COP 27 im Dezember in Ägypten habe man sich dann aber Moralpredigten von den Deutschen anhören müssen, wie sehr man »in fossilen Strukturen« verhaftet bleibe.

Außer einigen NGOs, die Zielproklamationen schon für Klimapolitik halten, glauben heute nur noch wenige, dass Deutschland ein Vorreiter ist. Im Gegenteil häufen sich kritische Fragen, denn es bleibt ja nicht verborgen, dass trotz enormer finanzieller Mittel, die in die Energiewende geflossen sind, die tatsächlichen Ergebnisse eher bescheiden ausfallen, dass auf der anderen Seite aber mehr und mehr Unternehmen aufgrund der hohen deutschen Energiepreise verstärkt im Ausland investieren oder gar abwandern.

Vor allem hat so gut wie niemand außerhalb Deutschlands verstanden, weshalb wir mitten in der Energieversorgungskrise drei Atommeiler abschalteten – damit das Stromangebot verknappten und die Preise in die Höhe trieben. In den USA schüttelt man jedenfalls über uns Deutsche nur den Kopf. Bei meinem Besuch in Texas im Februar 2024 traf ich Kongressabgeordnete beider Parteien sowie führende Manager aus der Energiebranche. In Houston ist alles vertreten, was Rang und Namen in der Energiewelt von heute hat. Man versteht nicht, wieso wir *phasing out* betreiben, statt *phasing in* mit neuen Technologien, die dann nach und nach – je nach Effizienz und so wie es die Marktteilnehmer wollen – die Energiewende vollziehen. Keiner hier käme auf die Idee, dem Staat das Recht zu geben, vorzuschreiben, welche Energien und Technologien genutzt werden dürfen und bis wann.

Exkurs: Texas, 2024 – Zentrum der Transformation

Ölpumpen neben Windrädern – so sieht es zwischen Midland und Lubbock im Nordwesten von Texas aus. Der US-Bundesstaat entwickelt den Ehrgeiz, neben Öl und Gas auch im Bereich der »sauberen Energien« eine globale Führungsrolle einzunehmen. Der *spirit* hier stellt Europa in Sachen Kraft, Innovationsbereitschaft und Optimismus weit in den Schatten.

Zwischen Midland und Lubbock in Texas: Ölpumpen neben Windrädern

Texas ist – nach Kalifornien – die Nummer 2 in den USA. Das gilt für die Bevölkerungszahl ebenso wie beim Bruttosozialprodukt.

Aber das Land könnte Kalifornien schon bald überholen. Der Grund dafür liegt vor allem in der ungeheuren Dynamik, die Texas als Energiezentrum entwickelt.

Die Hauptstadt Houston wurde spätestens durch die Schieferrevolution, die vor 15 Jahren begann, zur Energiehauptstadt der Welt. Es ist schon eindrucksvoll, durch den Energiekorridor zu fahren. Die Interstate 1 – zum Teil 18-spurig – durchschneidet Houston. Rechts und links haben sich die großen Energiefirmen der Welt angesiedelt. Im gesamten Großraum Houston sind es fast 5000 Klimatechnik- und Energie-Unternehmen. Jeder will nach Texas, um in diesem einmaligen Ökosystem aus alter und neuer Energiewelt mitzuspielen.

Die *shale revolution* seit 2010 bedeutete für Texas den Durchbruch. War man schon vorher reich an fossilen Bodenschätzen, wurden durch das sogenannte Fracking neben der konventionellen Förderung nun neue ungeheure Öl- und Gasreserven in Schieferformationen erschlossen. Heute werden hier etwa 40 Prozent des amerikanischen Rohöls gefördert, ca. 5,6 Milionen Barrel am Tag. Wäre Texas ein eigener Staat, würde das Platz 4 in der Welt bedeuten!

Texas verfügt über ein Viertel der amerikanischen Gasreserven und förderte 2023 gewaltige 340 Milliarden Kubikmeter. Zum Vergleich: Der Jahresverbrauch der gesamten EU betrug im selben Jahr 295 Milliarden m^3. Waren die USA vor der Fracking-Ära auf Öl- und Gasimporte angewiesen, so sind sie heute bei beidem Nettoexporteur. Die LNG-Terminals, ursprünglich für Gasimporte gebaut, sind inzwischen für den Export umgebaut. In Freeport und Corpus Christi sowie am Sabine Pass an der Grenze zu Louisiana wird Flüssiggas in alle Welt verschifft. Mit dem Golden Pass in Port Arthur kommt ein weiterer dazu.

Exkurs: Texas, 2024 – Zentrum der Transformation

Ob es uns in Europa gefällt oder nicht: Niemand in Texas denkt daran, die fossilen Rohstoffe im Boden zu lassen. Übrigens zum Glück für Europa, denn die Amerikaner sind nach dem russischen Angriffskrieg auf die Ukraine im Februar 2022 als Exporteure für Europa eingesprungen. Ohne das texanische LNG, das durch das bei uns so umstrittene Fracking gewonnen wird, wäre die Energieversorgung in Europa zusammengebrochen.

Neben der traditionellen Stärke bei Öl und Gas treibt man in Texas aber auch die Energietransformation in Richtung Erneuerbarer und anderer Low-Carbon-Energien, also kohlenstoffarmer Energien voran. Ähnlich wie in China kann und will man auf die fossilen Energiequellen nicht verzichten, baut aber gleichzeitig die Solar- und vor allem Windenergie in ungeheurem Tempo aus. Im Jahr 2023 waren 15 300 Windturbinen im Bundesstaat in Betrieb. Das waren deutlich über 40 Gigawatt (GW) und damit über ein Viertel der in den USA produzierten Windenergie. Midland im Nordwesten von Texas war während der vergangenen 100 Jahre eines der Zentren der Öl- und Gasindustrie der USA. Genau hier sind in den letzten 15 Jahren aber auch gigantische Windparks entstanden. Mancherorts schießen Windräder wie Wildblumen aus dem Boden. Überall stehen sie hier neben Ölpumpen, ein hier ganz natürliches Bild. Es gibt auch riesige Windparks, wie die Roscoe Wind Farm, die von RWE betrieben wird und derzeit die Nummer 6 auf der Welt ist.

Auch der Zubau bei der Solarenergie ist rekordverdächtig. Vor allem im Westen des Staates befinden sich riesige Solarparks. Schon zwischen 2019 und 2020 verdoppelte sich die Kapazität von 3 auf 6 Gigawatt, in den kommenden fünf Jahren sollen 20 GW hinzukommen! Hier wird es nicht nur als Ziel proklamiert, sondern passiert wirklich. Heute kommt bereits ein Viertel des texanischen

Stroms aus erneuerbaren Quellen, in der Hauptstadt Houston schon fast ein Drittel. Eine solche Entwicklung schien vor zehn Jahren undenkbar. Die Resilienz der Windräder bei extrem kalten Temperaturen und die Integration der fluktuierenden erneuerbaren Energien in die Netze bereiten allerdings noch Probleme. So kam es etwa im Februar 2021 als Folge von drei Winterstürmen zu einem mehrtägigen Stromausfall in weiten Teilen des Landes. Hier liegt übrigens eine enorme Chance für deutsche Firmen, die bei der Integration von erneuerbaren Energien enorme Erfolge erzielt haben. Siemens Energy oder Übertragungsnetzbetreiber wie 50Hertz werden hier mit ihrem Know-how gebraucht. Sosehr man inzwischen unseren generellen Klimakonzepten kritisch gegenübersteht, so sehr werden nach wie vor technische Lösungen und neuen Technologien »Made in Germany« anerkannt.

Mit dem Inflation Reduction Act (IRA) ist jetzt ein zusätzlicher Investitionsboom in erneuerbare und weitere saubere Energien entstanden. Dabei wird die Produktion von grünem Wasserstoff, synthetischem Methan, Biokraftstoffen und E-Fuels eine wesentliche Rolle spielen. Neben Wasserstofflösungen spielt aber auch Carbon Capture, Utilization and Storage (CCUS), also die Abspaltung, Lagerung und Nutzung von CO_2, eine wachsende Rolle. Auch eine neue Generation von kleinen Kernkraftwerken und die Kernfusion werden hier zu den sauberen Energien gezählt und gefördert. Allerdings hört man auch Klagen: Der IRA verspreche mehr, als er halte. Auch die Richtlinien zur konkreten Umsetzung ließen zu lange auf sich warten.

In Texas ist man mittlerweile stolz darauf, nicht nur bei Öl-, Gas- und Petrochemie führend zu sein, sondern die daraus entstehenden Gewinne wesentlich in die Transformation zu reinvestieren. Allerdings liegt das weniger an klimapolitischen Erwägungen. Vielmehr haben die Texaner verstanden, dass man mit Erneuerbaren gutes Geld verdienen kann. Man lebt nebeneinander. Von einigen Heißspornen auf beiden Seiten abgesehen, gibt es eine friedliche Koexistenz der verschiedenen Welten. Niemand kommt hier auf die Idee, Auslaufdaten für Energiequellen oder -technologien vorzusehen, bevor nicht die neue Energieversorgung gesichert und bezahlbar ist. Könnte es sein, dass genau darauf der ökonomische, aber auch ökologische Erfolg der Energiewende von Texas beruht?

Der weltweit anerkannte Physiker Steven Chu, Energieminister unter Barack Obama, warf der Bundesregierung in einem viel beachteten Interview mit der *Frankfurter Allgemeinen Sonntagszeitung (FAS)* vor, mit ihrer Klimapolitik die »Abwanderung der Schwerindustrie aus Deutschland zu fördern«. Das wäre für die deutsche Wirtschaft »katastrophal«. Die Fabriken der Industrie bräuchten extrem stabilen Strom, man könne sie nicht einfach an- und ausschalten. Er spitzte seine Ausführungen zu: »Wollen die Deutschen eine prosperierende Wirtschaft, wollen sie Arbeitsplätze und Wohlstand erhalten und gleichzeitig ihre Klimaziele erreichen, oder wollen sie nur ihre Klimaziele erreichen.« Er mahnte die Deutschen auch, das Ende der Kernkraft zu überdenken. Mit ungewöhnlicher Klarheit griff Steven Chu die Grünen an: Von ihnen kämen »viele Falschinformationen«, ihre Haltung sei mit »unserer zukünftigen Realität nicht vereinbar«. – »Vorreiter« sieht anders aus.

Aber selbst wenn wir Vorreiter wären: Wäre es dann wirklich klug, sich damit zu brüsten? Gerade dann wäre doch Bescheidenheit angebracht. Wäre man Vorreiter, dann könnte man doch die Tatsachen für sich sprechen lassen, anstatt sich selbst zu loben. Und dass es – in den Worten von Frau Baerbock – »inzwischen noch andere Vorreiter gibt«, hört sich nur im ersten Moment bescheiden an. In Wahrheit hat die Ministerin damit angemerkt, dass wir die Ersten waren und es uns gelungen ist, wenigstens einige weitere Länder vom deutschen Weg zu überzeugen. Implizite Aufforderung an die anwesenden Politiker der Vereinigten Arabischen Emirate: Geben Sie sich mehr Mühe und kommen Sie endlich auch ins Vorreiterlager!

III.9. Mit dem Pareto-Prinzip gegen den Klimanationalismus

Janusz Reiter, nach der europäischen Revolution von 1989 der erste polnische Botschafter in Bonn, erzählte mir einmal folgende Geschichte: Anfang der 1990er Jahre hätten die westlichen Anrainer ein Programm zur Säuberung der Ostsee geplant. Jeder Staat arbeitete an einem aufwendigen Maßnahmenbündel. Polen habe aber darauf hingewiesen, dass es vielleicht mehr Sinn mache, einen Teil der Mittel, die man in Skandinavien und Deutschland für die teure Perfektionierung der Abwasseraufbereitung vorgesehen hatte, besser den baltischen Staaten und Polen zu geben. Da deren Ableitungen in die Ostsee weitaus schadstoffhaltiger seien, würde die Hebelwirkung der eingesetzten Mittel für die gemeinsame Ostsee vergrößert. Dem wurde zugestimmt. Auch wenn die nationalen Umweltbilanzen nicht mehr ganz so glanzvoll aussahen, vermochte jeder leicht einzusehen, dass der Ostsee insgesamt so am besten geholfen war.

Dieser Gedanke gilt natürlich genauso für das globale Klima. Es wird eine viel stärkere Wirkung für die Reinhaltung der Luft entfaltet, wenn die vorhandenen Mittel dort konzentriert werden, wo die größten Verschmutzer sitzen. Man wird dann vielleicht national (und in der EU) nicht ganz so blendend dastehen, aber dem globalen Klima wäre mehr geholfen. Diesen einfachen Gedanken kriegt man aber nur schwer in die Köpfe vieler Klimaaktivisten und NGOs. Sie schauen – etwas eitel – auf die eigene Bilanz und sonnen sich als »Vorreiter«.

Selbst wenn wir unsere gesamte Industrie abbauten, Autos und Flugzeuge verböten und alle Vegetarier würden – das Weltklima würde es kaum merken. Deutschland steht nur für 1,8 Prozent der weltweiten CO_2-Emissionen. Würden wir dem Planeten vielleicht mehr helfen, wenn wir einen Teil der geschätzten 3000 Milliarden Euro, die die Energiewende die Deutschen bis 2050 kosten wird,[27] in die Modernisierung der 500 schlimmsten globalen Emittenten stecken würden? Wenn wir nur einen Teil der Kohlekraftwerke in China (wo allein 2022 Kohlekraftwerke mit einer Kapazität von 106 GW genehmigt wurden)[28], in Indien, Indonesien oder Südafrika mit CCS ausgerüstet hätten? Wenn wir Kohle wo immer möglich durch Gaskraftwerke ersetzt und Erneuerbare zunächst dort ausgebaut hätten, wo die Sonne am längsten scheint und der Wind am stärksten weht? Die Aufhübschung der nationalen Bilanz als Ausweis des eigenen Erfolgs wirkt wie ein Gift, das den Blick auf die nüchterne Abwägung der globalen Kosten-Nutzen-Analyse vernebelt.

Weltverantwortung wahrnehmen – kein Alibi fürs Nichtstun zu Hause

Natürlich darf das nicht heißen, dass wir ein Engagement in der Welt als Alibi fürs Nichtstun im eigenen Land nutzen. Natürlich müssen auch wir uns weiter anstrengen. Aber wir haben eben auch schon viel erreicht. Unsere Gebäudeenergiestandards, die Abgasnormen unserer Autos, der Umstieg von Kohle auf Gas, die Filter auf unseren Kraftwerken, die mannigfaltigen Maßnahmen zur Energieeffizienz und zum Energiesparen usw. – dies hat dazu geführt, dass bei uns das Wirtschaftswachstum längst von Energieverbrauch und Schadstoffemissionen abgekoppelt ist. In anderen Teilen der Welt ist das nicht der Fall.

Das Pareto-Prinzip, auch als 80-zu-20-Regel bekannt, geht auf den italienischen Ökonomen Vilfredo Pareto zurück. Es besagt, dass man bei richtiger Prioritätensetzung 80 Prozent des gewünschten Ergebnisses mit 20 Prozent des Aufwandes erreichen kann. Für die letzten 20 Prozent zur vollständigen Erreichung des gesetzten Zieles benötige man demgegenüber 80 Prozent des Aufwandes. Angewandt auf die Erderwärmung bedeutet das, dass 20 Prozent der vorhandenen finanziellen Mittel reichen, um 80 Prozent des CO_2-Reduktionszieles zu erreichen, wenn die Mittel dort eingesetzt werden, wo die Hebelwirkung am größten ist. Wenn es also wirklich um realen Klimaschutz geht, dann ist es sinnvoller, zuerst dort zu säubern, wo die Luft besonders belastet ist, und nicht dort, wo sie ohnehin schon ziemlich sauber ist. Es gibt keine deutsche Ostsee – und es gibt kein deutsches Klima. Will ich wirklich Klimaschutz, muss ich die Frage beantworten, wo sich die größte Wirkung erzielen lässt, wo sich pro investiertem Euro die größte Treibhausgasreduktion bewirken lässt.[29]

Ganz der inneren Logik der 80-zu-20-Regel folgend, haben die Experten der Unternehmensberatung Roland Berger 2024 einen Global Carbon Restructuring Plan erarbeitet, in dem die 1000 weltweit emissionsintensivsten Industrieanlagen analysiert wurden. Diese gehören 406 Unternehmen und stoßen zusammen 8 Gigatonnen Kohlendioxid aus. Würden diese Anlagen dekarbonisiert, wäre bereits rund ein Drittel der Emissionsreduktion realisiert, die nötig wäre, um das Pariser Klimaziel zu erreichen. Mehr als die Hälfte dieser Emissionen gehen laut der Studie von Roland Berger auf das Konto von 40 Unternehmen zurück, und 160 Unternehmen sind für 80 Prozent verantwortlich. Martin Hoyer, Senior Partner bei Roland Berger: »Das zeigt das große Klimaschutzpotenzial einer konzertierten Aktion zur Dekarbonisierung der Hauptemittenten. Mit unserer Studie wollen wir die größten Hebel identifizieren, um maximale Dynamik für die globale Dekarbonisierung zu schaffen – über Ländergrenzen hinweg und aus der Perspektive der Anlagenbesitzer.«[30]

Die Analyse der Berater von Roland Berger zeigt, dass 77 Prozent der Top-1000-Verschmutzer aus dem Bereich der Stromerzeugung stammen, 18 Prozent aus der Eisen- und Stahlindustrie. Regional gesehen stehen die meisten Anlagen in China (54 Prozent), Indien (13 Prozent), den USA (10 Prozent) und Europa (3 Prozent).

Würde man also nicht dem Klima den größten Gefallen tun, wenn man – mit solchen Studien als Grundlage – einen globalen Dekarbonisierungspfad für die schlimmsten Emittenten entwickelte: mit tiefgreifender Modernisierung und umfassenden Effizienztechniken, mit der Ersetzung von Kohle durch Atom- oder Gaskraftwerke und durch den vermehrten Einsatz erneuerbarer Energien? Auch die Substituierung von Gaskraftwerken durch klimaneutralen Wasserstoff und die Anwendung von Carbon Capture Storage usw. gehören zu den Maßnahmen, mit denen die Staatengemeinschaft eine international konzertierte und auf die schlimmsten »Dreckschleudern« konzentrierte Anstrengung angehen könnte. Natürlich darf man solche Maßnahmen nicht über die Köpfe der Verantwortlichen in Politik und Wirtschaft in den entsprechenden Staaten planen. Vor allem sollten wir nicht paternalistisch, mit postkolonialer belehrender und besserwisserischer Attitüde daherkommen – wozu wir Deutschen leider manchmal neigen. Vielmehr sollten diese Maßnahmen von Beginn an gemeinsam angegangen werden. Die COP 29 in Aserbaidschan oder die COP 30 in Brasilien wären geeignete Foren, eine Art globaler Public Private Partnership aufzubauen und mit der Umsetzung zu beginnen. Das würde dem Klima mehr helfen, als wieder neue, noch ehrgeizigere Ziele zu proklamieren.

Der Klimaschutz in Deutschland und Europa braucht viel Geld. Der Hinweis auf »Dreckschleudern« außerhalb Europas darf nicht zur Ausrede für weniger Aktivität in Europa mutieren. Und dennoch: Wem es wirklich um die Rettung des Weltklimas geht, der muss sich die Frage gefallen lassen, ob nicht ein Teil der eigenen Mittel an anderen Orten der Welt eine größere Wirkung erzielen könnte.

III.10. »Böse Lobbyisten« und »gute Aktivisten«?

In den Debatten um die Energiepolitik wird immer wieder die angeblich enorme Macht dunkler Lobbymächte hervorgehoben, die mit zweifelhaften Methoden die Politik manipulieren, um fossile Geschäftsinteressen einzelner Konzerne auf Kosten des Allgemeinwohls durchzusetzen. Hell leuchtet demgegenüber das vermeintlich uneigennützige Engagement von Umwelt- und Klimaorganisationen, die mutig und »faktenbasiert« solche Kräfte entlarven und zurückdrängen. Hier die bösen Konzerne, dort die guten NGOs.

III.10. »Böse Lobbyisten« und »gute Aktivisten«?

In gewisser Weise wird hier die alte Polarität des marxistisch-leninistischen Klassenkampfes in ökologischem Gewand wiederholt. Ein Beispiel: Auf der Weltklimakonferenz COP 28 in Dubai beklagte die Organisation Kick Big Polluters Out, ein Zusammenschluss von Klimaaktivisten u. a. von Greenpeace und dem Climate Action Network, dass 2456 Lobbyisten für Kohle, Öl und Gas als Teilnehmer offiziell registriert waren. Das seien viermal mehr als bei der COP 27 in Scharm El-Scheich im Vorjahr. In der französischen oder italienischen Delegation, sogar bei der EU-Delegation seien Vertreter »fossiler Energien« wie ExxonMobil, BP oder ENI akkreditiert. Die »vergiftete Präsenz der großen Verschmutzer hat uns jahrelang daran gehindert, Wege zu finden, damit fossile Energieträger im Boden bleiben«, erklärte die Initiative Start: Empowerment. Und die Aktivistengruppe Oil Change International zog den Schluss: »Lobbyisten für Kohle, Gas und Öl müssen rausgeworfen werden.«

Wie stellen sich denn die Aktivisten die Transformation der Wirtschaft vor? Wie will man denn die Dekarbonisierung schaffen, wenn nicht gemeinsam mit den Vertretern der Energiewirtschaft? Ist es wirklich besser, die Aktivisten bleiben unter sich, erheben immer kühnere Forderungen und fahren anschließend moralisch beglückt nach Haus? Oder ist es nicht gerade wichtig, die Energiewirtschaft, vor allem auch die Kohle-, Öl- und Gasunternehmen für die Dekarbonisierung zu gewinnen? Glaubt jemand im Ernst, dass die großen Energiekonzerne der Welt mit Tausenden von Angestellten und Tausenden von Abnahmeverträgen in allen Ländern der Welt ihre Tätigkeit einfach einstellen, ihre Unternehmen schließen und ihre Mitarbeiter nach Hause schicken? 80 Prozent des Weltenergieverbrauchs sind fossil. Die Welt würde stillstehen, die Menschen verarmen, Hungersnöte und Kriege ausbrechen, wenn auch nur einige der großen Energiegiganten nicht mehr fördern und liefern würden.

Wer es ernst meint mit der Klimapolitik und nicht nur Bekenntnisse in die Welt schmettern möchte, der muss *mit* und *nicht gegen* die Energieunternehmen auf der Welt an konkreten Transformationspfaden arbeiten. Mit anderen Worten: Sie sollten in den Vertretern der fossilen Energiewirtschaft Dialogpartner sehen, mit denen man über Wege zur Dekarbonisierung sprechen sollte: Kohle durch Gas, Gas durch Wasserstoff ersetzen, flaring, d. h. das Abfackeln von freigesetztem Gas bei der Ölförderung unterbinden, neue Kohlekraftwerke in China oder Indien mit CCS bauen, Gewinne aus fossilen Geschäften in erneuerbare Projekte investieren usw. Die »Lobbyisten« in Dubai, von denen ich etliche traf und sprach, sind doch dorthin geflogen, um genau über solche Fragen zu sprechen, neue *Low-Carbon*-Technologien kennenzulernen und entsprechende Geschäfte abzuschließen.

Exkurs: COP 28 in Dubai – Die Wirtschaft als Treiber im Kampf gegen den Klimawandel

Die zum 28. Mal stattfindende 14-tägige Conference of the Parties (COP), der Vertragsstaaten der UN-Klima-Konvention, war über jede Erwartung erfolgreich. Aber das ist nicht das Verdienst der Klimaaktivisten, auch nicht der wacker um das Schlussdokument ringenden Politiker. Abseits der öffentlichen Wahrnehmung prägten vielmehr zahlreiche Vereinbarungen über konkrete industrielle Klimaprojekte den Kern der COP in Dubai. Das sind gute Nachrichten für den Klimaschutz: Er besteht jetzt nicht mehr in erster Linie aus der Deklamation immer ehrgeiziger Ziele, sondern manifestiert sich in Vereinbarungen von ganz konkreten Maßnahmen. Gesinnungsethik ist von Verantwortungsethik abgelöst worden, wie die folgenden Beispiele demonstrieren.

Dietmar Siersdörfer, der CEO Middle East von Siemens Energy, unterzeichnete einen Vertrag mit italienischen und ägyptischen Firmen über die Errichtung eines grünen Stromkorridors zwischen dem afrikanischen Kontinent und Europa: drei Gigawatt in Ägypten erzeugter Solarstrom werden über ein fast 3000 km langes Stromkabel nach Italien übertragen, wo sie immerhin 5 Prozent des Spitzenstrombedarfs decken. Die vor eineinhalb Jahrzehnten propagierte und bis dato nie realisierte Idee von Desertec wird damit wahr. Zudem unterzeichnete die österreichische OMV eine Heads of Terms (HoT)-Vereinbarung mit Masdar (Abu Dhabi) über die Entwicklung einer Zusammenarbeit im Bereich grüner Wasserstoff. Geplant ist eine gemeinsame Gigafabrik für Elektrolyseure, die Produktion von Wasserstoff und die Dekarbonisierung von Raffinerien der OMV. Masdar ist heute eines der am schnellsten wachsenden Unternehmen der Welt im Bereich sauberer Energien. Ich habe den Stand von Masdar auf der COP besucht: Eine Delegation nach der anderen kam vorbei, wurde freundlich empfangen und informiert – genauso wie wir es von unseren Industriemessen kennen. Hier entstehen in den kleinen Hinterzimmern die zukünftigen Geschäfte. Und auch der deutsche Energieriese RWE schloss auf der COP ein Abkommen mit Masdar: Die beiden Unternehmen werden zusammen den 3-Gigawatt-Offshore-Windpark Dogger Bank South in Großbritannien bauen, der ab 2029 ans Netz gehen soll.

Es war ein Paukenschlag, als 22 Länder – darunter aus Europa Frankreich, Großbritannien, Finnland, Schweden, die Niederlande und Polen – eine Verdreifachung der Energieerzeugung aus Kernkraft bis 2050 verkündeten. Auch im Namen Kanadas und Japans erklärte der US-Klimabeauftragte John Kerry in Dubai, dass es ohne diese Anstrengung nicht möglich sein werde, die Klimaziele von Paris zu erreichen. In den Augen der meisten Staaten gehört Kernkraft längst zu den »sauberen Energien«. Das finden überraschenderweise auch einige junge Klimaschützer aus Deutschland richtig und werben auf der COP mit dem Transparent: »Kernkraft rettet Leben«. – Ein Mitglied aus der deutschen Politik-Delegation kommentiert das mir gegenüber verächtlich: »Die sind ja bezahlt.« – (Dieses Denken reißt leider ein: Wer anderer Meinung ist, kann nur unsagbar ignorant oder von dunklen Mächten bezahlt sein!) Die vielleicht langfristig wichtigste Vereinbarung wurde bereits im unmittelbaren Vorfeld der COP zwischen den USA und China geschlossen. Beide Länder, sonst in vielen Fragen eher Rivalen, erklärten sich bereit, in Dubai dafür zu werben, den Ausbau der erneuerbaren Energien bis 2030 zu verdreifachen und eine internationale Konferenz zur Minderung der Methanemissionen zu vereinbaren. Weiter legten sie fünf gemeinsame Großprojekte im Bereich Carbon Capture Storage, also der Abscheidung und Lagerung von CO_2 fest.

Man könnte hier eine fast beliebig lange Liste von konkreten staatlichen Verträgen und privatwirtschaftlichen Vorhaben ausbreiten. Vieles davon bekommen die nächtelang in Verhandlungen eingeschlossenen Politiker oft gar nicht mit, denn das Wichtige findet meistens nicht auf dem COP-Gelände selbst statt, sondern in Konferenzsälen oder Hotels in Dubai. So begrüßt Yvonne Ruf, Senior Partnerin der Strategieberatung Roland Berger, wichtige Energieführer in vertieften Gesprächen:

Mark Hutchinson, den weltweit begehrten CEO von Fortescue aus Australien, den Wasserstoff-Chef von Uniper, Axel Wietfeld, Vertreter von Airbus, MAN, SEFE, Rolls-Royce, Masdar, den saudischen Energieriesen Neom und Acwa Power usw. Das Thema Nummer 1 an diesem Abend – wie übrigens auf der ganzen COP: grüner Wasserstoff. Roland Berger erwartet dafür nach einem eher moderaten Aufschwung in den 2030er Jahren dann die volle Entfesselung.

Inzwischen weiß fast jedes Energieunternehmen, dass die Welt vor einer nie dagewesenen Energie- und Wirtschaftstransformation steht. Jeder will dabei sein, ja sogar an der Spitze marschieren. Wo könnte man die Ernsthaftigkeit dieser Vorhaben besser demonstrieren als auf einer COP?

Dies müsste die Klimaaktivisten eigentlich zutiefst erfreuen, denn sie haben diese erfreuliche Entwicklung mit ihrem Engagement ermöglicht. Sie haben die öffentliche Meinung überzeugt, dass die Erderwärmung bekämpft werden muss. Statt aber diesen Erfolg stolz für sich zu reklamieren, fühlt sich die Klimabewegung an den Rand gedrängt. Man will die Feindbilder erhalten, man braucht sie, weil man ohne sie irrelevant werden könnte. So beschimpften Vertreter grüner NGOs den COP-Präsidenten, Sultan Ahmed al-Jaber. So einer wie er, Chef von ADNOC, einem der größten Gas- und Ölkonzerne der Welt, dürfe doch nicht der COP vorstehen. Er müsse das Feld räumen. Aber al-Jaber hat Masdar, den Vorreiter von Klimaprojekten weltweit gegründet, er hat dafür gesorgt, dass der seit Langem geforderte Klimakatastrophen-Fonds endlich zustande kommt (Die Vereinigten Arabischen Emirate und Deutschland erklärten sich gleich zu Beginn der Konferenz bereit, je 100 Millionen Dollar einzuzahlen). Und al-Jaber arbeitet an der Dekarbonisierung seines eigenen Unternehmens. Was soll er noch machen? ADNOC einfach schließen? Die COP ist der Weltklimagipfel der Vereinten Nationen, und da ist es das Natürlichste von der Welt, dass es unterschiedliche Meinungen und Interessen gibt. Darüber muss man reden, sie zum Ausgleich bringen – aber nicht diejenigen, die anderer Meinung sind, ausschließen. Der Ausstieg aus den fossilen Energien ist unausweichlich, aber es braucht dazu konkrete Transformationspfade – und die kann man nur gemeinsam mit der Weltgemeinschaft und nur mit, nicht gegen die Wirtschaft erfolgreich beschreiten.

Der COP-Präsident hätte alles Recht der Welt gehabt, sich deutlich gegen beleidigende Zumutungen einiger führender Aktivisten zur Wehr zu setzen. Aber er hat das Richtige getan: sich mit Gelassenheit auf die eigentliche Aufgabe des COP-Präsidenten zu konzentrieren, nämlich zwischen den Industrieländern und dem Globalen Süden einen Kompromiss zu verhandeln, der schließlich von allen akzeptiert wurde.

Vertreter von Unternehmen, Verbänden oder von ihnen bezahlte Berater auf dem Gebiet Public Affairs sind in der Regel wichtige Partner der Transformation. Sie vertreten in der pluralen Demokratie und sozialen Marktwirtschaft ihre Interessen. Und es ist unendlich wichtig, dass sie das tun. Wie sonst sollte die Politik kluge Entscheidungen treffen, wenn sie nicht weiß, welche Wirkungen damit verbunden sind? Die Lobbyisten sind eben auch die Vermittler von Informationen und Kenntnissen über ihre Branchen. Man mag sich nicht vorstellen, wie nach dem Angriffskrieg Putins auf die Ukraine die Sicherung der äußerst prekären Energieversorgung ohne den Sachverstand der Verbände und Unternehmen der Energiewirtschaft gelaufen wäre. Nur der offene, vertrauensvolle Austausch zwischen Bundesregierung und der Energiewirtschaft hat damals einen Zusammenbruch verhindert.

Deutschland arbeitet momentan mit aller Kraft am Hochlauf der Wasserstoffwirtschaft. Eine zentrale Notwendigkeit dafür ist der baldige Bau eines Wasserstoffkernnetzes. Die Bundesregierung hat sich im Sommer 2023 mit dem Verband der Ferngasnetzbetreiber, FNB Gas, auf eine solches Netz geeinigt. Die Politik hat gesagt, was sie will – aber sie hat zuvor den Rat und Sachverstand der Wirtschaft genutzt. So funktioniert das und nicht durch den Ausschluss der Wirtschaftsvertreter. Es sind übrigens Vertreter der Gaswirtschaft, die den Weg zur Wasserstoffwirtschaft ebnen – eben nicht, indem sie an alten Modellen festhalten, sondern indem sie konkrete Pfade zur Transformation erarbeiten. Sie verdienen dafür Ermutigung, nicht aber öffentliche Diffamierung, dass sie mit Greenwashing »fossile Geschäftsmodelle« retten wollen.

Interessenvertretung muss befreit werden von dunklen Verschwörungserzählungen und dem Generalverdacht gegenüber Wirtschaftsvertretern. Interessenvertretung in der Demokratie ist das Gegenteil von Korruption und Bestechung. Letztere sind kriminell und müssen bestraft werden. Interessenvertretung dagegen ist integraler Bestandteil der Demokratie. Wir werden die Herausforderung des Klimawandels nur bewältigen, wenn sich Wirtschaft und Politik als Partner verstehen, eng zusammenarbeiten und wechselseitig Vertrauen entwickeln.

Voraussetzung dafür, dass die Interessenvertretung zum Allgemeinwohl beitragen kann, ist allerdings, dass die Lobbytätigkeit transparent gemacht wird. Dafür hat der Gesetzgeber ein Lobbyregister geschaffen. Man kann mit guten Gründen die Ausgestaltung dieses Gesetzes bemängeln, etwa den enormen bürokratischen (Zeit-)Aufwand, den eine Firma bewältigen muss, um bei der Registrierung von Lobbyaktivitäten Fehler zu vermeiden. Mich selbst nervt das gehörig, zumal ich mit meinem Beratungsunternehmen eben vor allem berate und sich meine Arbeit nur in wenigen Ausnahmefällen auf die Ansprache von Politikern erstreckt. Um aber Ärger zu vermeiden, registriert man sich und akzeptiert, dass der Lobbybegriff heute extrem breit ausgelegt wird. Schon mittelgroße Unternehmen müssen heute Personal einstellen, um den verschiedenen Anforderungen nachzukommen, Fehler auszuschließen und sich nicht angreifbar zu machen. Trotz allen Ärgers: Im Prinzip ist es richtig, dass offengelegt wird, wer in welchem Umfang für wen Interessen vertritt.

Es ist allerdings bedauerlich, dass als Folge der Kampagnen gegen angeblich unlauteren Lobbyismus eine Atmosphäre des Misstrauens zwischen Politik und Wirtschaft geschaffen wurde: Wo früher Politiker von Kenntnissen und Erfahrungen aus der Wirtschaft profitierten und umgekehrt, da grassiert heute vielfach der Wunsch nach Distanz. Man will sich nicht angreifbar machen. So entwickeln wir uns immer mehr zu einer Gesellschaft, in der Politik und Wirtschaft dem notwendigen Austausch aus dem Wege gehen. Besonders die Politik aber braucht das Gegenteil: Sie benötigt Sachverstand aus der Praxis. Einrichtungen wie das Lobbyregister oder auch die weitgehenden Offenlegungspflichten für Nebeneinkünfte – geboren aus offenkundigen Missbrauchstatbeständen bei einzelnen Abgeordneten – führen nun aber dazu, dass oft das Kind mit dem Bade ausgeschüttet wird. Es geht eben kaum noch jemand in den Bundestag, der irgendwie unternehmerisch tätig ist. In einem Klima, in dem schon Aufsichtsratstätigkeiten als Lobbyismus angesehen, gebrandmarkt und mit persönlicher Diffamierung verfolgt werden, will niemand arbeiten. So gehen gerade diejenigen Persönlichkeiten Bundestag oder Landtagen verloren, die wir vielleicht am meisten brauchen: Leute mit Praxiswissen, Menschen, die auch außerhalb der Politik erfolgreich gearbeitet haben. So erhalten wir nach und nach ein Parlament, in dem es keine (wirtschaftlich) unabhängigen Köpfe mehr gibt, sondern nur noch Berufspolitiker ohne Erfahrungen in Leben und Arbeit.

Als Friedrich Merz sich nach einem Jahrzehnt in der Wirtschaft entschloss, wieder Führungsaufgaben in der Politik zu übernehmen, wurde das vielfach mit Misstrauen beäugt. Unabhängig davon, ob man für oder gegen ihn und seine Partei ist: Genau das brauchen wir! Den Wechsel zwischen den Welten, die praktische Erfahrung aus unterschiedlichen Bereichen!

Welche Blüten die außerparlamentarischen Kampagnen gegen angebliche Verquickungen und Interessenkonflikte hervorbringen, zeigte sich im Februar 2024 in der öffentlichen Kontroverse über die Wirtschaftsweise Veronika Grimm. Joe Kaeser, Aufsichtsratschef von Siemens Energy hatte Frau Grimm eingeladen, in seinem Aufsichtsrat mitzuwirken. Anstatt sich zu freuen, dass damit zusätzliche – aus der wirtschaftlichen Praxis stammende – Kompetenz und Erfahrung in den Sachverständigenrat Einzug hält, beschweren sich die übrigen Wirtschaftsweisen und versuchten, hinter dem Rücken von Frau Grimm ihre Nominierung zu hintertreiben. Unsere Gesellschaft aber lebt vom Austausch zwischen Politik, Wirtschaft, Wissenschaft und Zivilgesellschaft. Wenn man beginnt, sich gegenseitig als Feind zu betrachten, überall unlautere Motive vermutet und Misstrauen sät, dann leidet nicht nur der Wirtschaftsstandort, sondern auch der Zusammenhalt unserer Gesellschaft. Wir brauchen im Gegenteil viel mehr Vernetzung zwischen den Bereichen,

Offenheit für Grenzgänger zwischen den Welten und die Bereitschaft, gleichzeitig einer Tätigkeit in unterschiedlichen Feldern nachzugehen. Politiker hinein in die Aufsichtsräte! Unternehmer und Gewerkschafter in die Politik! Unternehmer, Gewerkschafter und Politiker an die Universitäten! Mit Lehraufträgen oder Gastprofessuren holen wir Studenten aus den Elfenbeintürmen der Theorie, vermitteln ihnen Kenntnisse aus der Erfahrungswelt der Politik oder Wirtschaft.

Noch einmal: Natürlich muss das alles transparent sein. Das gilt allerdings auch für die Klima-NGOs. Woher kommen die Millionenbeträge, die Organisationen wie Agora Energiewende, BUND, Stiftung Klimaneutralität, LobbyControl, Deutsche Umwelthilfe, Greenpeace usw. in Berlin und Brüssel an Spenden erhalten? Wer steht hinter den angeblich philanthropischen Stiftungen, die sich mit Millionen in grünen Thinktanks engagieren? Alles interessenfreier Idealismus-Export aus den USA? Wofür werden diese Gelder verwandt, wohin genau fließen sie? Als der Europaabgeordnete Markus Pieper von der Europäischen Volkspartei im Januar 2024 im Parlament vergleichbare Transparenz für NGOs beantragte, argumentierten ausgerechnet die Grünen dagegen: Man befürchte, dass die Transparenzanforderungen »von der politischen Rechten« als »Vorwand« benutzt werden könnten, um »die Organisationen der Zivilgesellschaft in ihrer Handlungsfreiheit einzuschränken«. Weiter argumentierten die Grünen, dass Pieper nur versuche, »eine negative und misstrauische Haltung gegenüber dem gesamten Sektor der Organisationen der Zivilgesellschaft zu etablieren«. Zum Glück verfingen diese Argumente nicht, Pieper setzte seinen Antrag im Parlament durch, die Transparenzpflicht wird demnächst auf NGOs ausgedehnt. Pieper kommentierte das so: »Wenn einige steuergeldfinanzierte grüne NGOs ihre Finanzierung transparent machen müssen – dann wird bei einigen der heilige Anstrich gewaltig abblättern.«[31]

Mancher, der grün ist, hält Transparenz bei sich aber offenbar für eine Zumutung. Im März 2024 wurde bekannt, dass sich die Deutsche Umwelthilfe (DUH) weigerte, 15 Großspenden im Gesamtwert von eineinhalb Millionen Euro offenzulegen.[32] Genau diese Offenlegung jedoch fordert der Gesetzgeber. Die DUH gibt vor, unnachgiebig für Klima, Umwelt und Natur zu kämpfen. Sie genießt das Privileg, als gemeinnütziger Verband das Verbandsklagerecht im Rahmen des Umwelt-Rechtsbehelfsgesetzes in Anspruch zu nehmen. Sie verdient viel Geld damit, gegen alle möglichen Vorhaben Klage zu erheben oder aber z. B. Autohändler oder Immobilienmakler abzumahnen, die ihre Fahrzeuge oder Wohnungen nicht mit allen vorgeschriebenen Informationen zu Verbrauch und Emissionen präsentieren. Die DUH hat allein 2023 1198 Abmahnverfahren eingeleitet und damit 3,1 Millionen Euro erwirtschaftet. Die DUH argumentiert, dass sie abmahnt, weil sonst die umweltbezogenen Verbraucherschutzmaßnahmen nicht kontrolliert würden. Die umweltpolitische Sprecherin der FDP, Judith Skudelny, sieht das anders. Für eine solche Einnahmequelle sei der Sonderstatus nicht gedacht. Die DUH entwickle sich zum »privaten Blockwart«.[33]

Im Februar 2024 veröffentlichte Table Media, dass die DUH 2016 einem Verband der Gasindustrie anbot, gegen eine Zahlung von 2,1 Millionen Euro eine Kampagne für Erdgasautos zu lancieren, um Dieselfahrzeuge »zurückzudrängen«.[34] Wenn genug gezahlt wird, dann ist offenbar fossile Mobilität plötzlich für die Deutsche Umwelthilfe in Ordnung. Der Verband, Erdgas-mobil, ging damals nicht auf das Angebot ein.

Generell hat das Verbandsklagerecht den NGOs einen einfachen Zugang zu den Gerichten verschafft. Die Klage- und Abmahnaktivitäten waren und sind ertragreich, man bekommt Öffentlichkeit und nutzt die Klagen zur Mitgliederrekrutierung. Das Klagerecht führt aber oft zum Ausbremsen von Infrastrukturprojekten und wendet sich deshalb seit 2021 verstärkt gegen den ja eigentlich verbündeten Robert Habeck. 2023 wurden in den Verfahren über Infrastrukturvorhaben, für die das Bundesverwaltungsgericht in erster und letzter Instanz verantwortlich ist, 52 Klagen und damit mehr als doppelt so viele wie im Vorjahr eingereicht. Es gab 18 Anträge auf Gewährung vorläufigen Rechtsschutzes, fünf mehr als 2022. Die Neueingänge 2023 verteilen sich wie folgt: 14 im Fernstraßennetz, 2 im Schienenwegerecht, 11 gegen das LNG-Beschleunigungsgesetz und 25 gegen den Energieleitungsausbau. Man will Wasserstraßen für die Binnenschifffahrt ausbauen, um Lasten von der Straße zu bekommen? Man kann eine Wette darauf eingehen, dass der BUND dagegen klagt. Die verantwortlichen Politiker der Grünen, die Anfang des Jahrtausends das Klagerecht durchgesetzt haben, dürften sich heute angesichts der Zeitverzögerungen bei der Umsetzung ihrer Klimavorhaben manchmal die Haare raufen.

Die deutsche Wirtschaft hat das alles mehr oder weniger hingenommen und offenbar weitgehend resigniert. Mit den Klägern und Aktivisten will man sich nicht anlegen, nach Möglichkeit irgendwie arrangieren. Zu groß die Angst vor einem Shitstorm im Netz, vor Imageschaden und Ärger. Also zieht man – beraten durch die eigenen PR-Abteilungen – den Kopf ein und hofft, dass die Einschläge beim Konkurrenten stattfinden und man selbst verschont bleibt. Wozu führt das? Die mit dem Habeck-Ministerium eng verbundene Agora Energiewende hat allein

ein Studienbudget von mehreren Millionen Euro jährlich. Der Bundesverband der Deutschen Industrie (BDI) hat 2021 mit größten Mühen gerade eben genug Geld für seine Klimapfade-Studie bei seinen Mitgliedern einwerben können.

Die Grünen haben es geschafft, ein ganzes Ökosystem aus Thinktanks, Lehrstühlen, Mitarbeitern in angesehenen Beratungsunternehmen, NGOs, Vorfeld- und Aktivistenorganisationen im Klimabereich zu bauen, und sich auf diese Weise in der Tiefe der immer komplexer werdenden Energie- und Klimaregulierung verankert. Sie sind, man muss es anerkennen, in Sprech- und Handlungsfähigkeit den politischen Wettbewerbern weit enteilt und bestimmen bis heute die wesentlichen Narrative der Klimapolitik. Erst nach und nach, sehr zaghaft, formiert sich eine Opposition und der Versuch im intellektuellen Bereich ein Gegengewicht zu bilden.

Es ist ein offenes Geheimnis, dass über den Klimalobbyist Hal Harvey hohe Millionenbeträge aus den USA unter Klimaaktivisten in Europa und vor allem in Deutschland verteilt wurden.[35] Ich will nicht den gleichen Fehler vieler Klimaaktivisten machen und von vornherein den Verdacht von wirtschaftlichen Interessen äußern. Aber man wüsste doch gern etwas mehr: Woher kommen diese Mittel? Wer verbirgt sich hinter den wohlklingenden Namen? Welche Interessen stehen dahinter? Alles wirklich nur Philanthropie? Was wird genau damit finanziert? Interessanterweise gibt es kaum Investigativjournalisten, die sich dieser Fragen annehmen. Und die wenigen, zum Teil großartigen Recherchen wie von David Wetzel und Axel Bojanowski in der *Welt* bleiben dann ohne erkennbare Resonanz.[36] Sie werden totgeschwiegen. Bemerkenswert ist, dass sich bis vor Kurzem auch LobbyControl nie für Recherchen in diese Richtung interessiert hat. Erst seit 2023 wendet sich die Organisation erkennbar auch den Grünen und ihren Netzwerken mit Kritik und Transparenzforderungen zu. Die Initiative muss in Zukunft zeigen, dass sie eine unabhängige Organisation ist, der es um Transparenz als Wert an sich geht.

IV.

Über erneuerbare Energien hinaus: Fünf Schlüsseltechnologien im Kampf gegen den Klimawandel

Der Slogan »Wind und Sonne schicken keine Rechnung«, den Klimaaktivisten gerne verwenden, hat mit der Wirklichkeit nichts zu tun. Solar- und Windparks, viele auf hoher See oder in abgelegenen Regionen, müssen geplant und gebaut werden. Ein Beispiel: Die Stromproduktion durch Windparks auf hoher See benötigen neben der Installation der Windräder auch riesige Konverterplattformen, die den Strom der Windturbine von Wechsel- auf Gleichstrom umstellen, damit er mit Übertragungskabeln in die Industriezentren in Deutschland transportiert werden kann. Bis 2045 benötigen wir mindestens 20 solcher Plattformen, die bisher nur in Asien und in Spanien gebaut werden können – Kostenpunkt dafür allein: 40–50 Milliarden Euro. Die Rohstoffe einschließlich teurer kritischer Rohstoffe müssen in der Welt eingekauft und transportiert werden. Die Häfen müssen ausgebaut, Installationsschiffe beschafft und Umspannwerke an Land errichtet werden. Übertragungs- und Verteilnetze allein kosten laut Bundesnetzagentur über 450 Milliarden Euro bis 2045. Ebenso ist es notwendig, eine digitale Netzintegration der fluktuierenden Energien zu entwickeln und zu installieren, eine regelmäßige Wartung durchzuführen, über alles Berichte für die Behörden anzufertigen und eine nachhaltige Entsorgung zu garantieren.

Vor allem aber muss immer auch eine Back-up-Grundlast zur Verfügung stehen. Solange die Speichermöglichkeiten von Strom begrenzt bleiben, muss diese Funktion durch Kern- oder fossile Kraftwerke zur Verfügung gestellt werden. Das wird dann problematisch, wenn extreme Wetterereignisse dazu führen, dass sich Sand und Staub auf die Solarpanel legen und kein Strom mehr produziert werden kann. Das ist nicht nur in der Sahara relevant, sondern auch bei uns. Über Ostern 2024 fiel aus diesem Grund die Hälfte des erwarteten Solarstroms aus, konventionelle Kraftwerke mussten als Reserve einspringen.[1]

Trotz alledem: Die erneuerbaren Energien sind und bleiben das Zentrum der Energiewende, Dreh- und Angelpunkt jeder Energiepolitik. Das gilt übrigens keineswegs nur für die Stromerzeugung. Auch grüner Wasserstoff, synthetisches Methan oder E-Fuels benötigen enorme Mengen erneuerbarer Energien. Es ist keine Frage, dass die Revolutionierung der Energiewirtschaft durch die erneuerbaren Energien gerade in den Regionen, die über viel Sonne und Wind verfügen, gerade erst begonnen hat.

Die Internationale Energieagentur (IEA) in Paris berichtet, dass der Ausbau der regenerativen Energien von 2022 auf 2023 um 507 GW installierte Kapazität zugenommen habe, was einem Wachstum von 50 Prozent entspricht. Drei Viertel des Zubaus entfielen auf Photovoltaik, etwas mehr als ein Fünftel auf Windanlagen. Der größte Zubau erfolgte in China, das 2023 so viele PV-Anlagen neu in Betrieb nahm, wie 2022 in der ganzen Welt installiert wurden. Beim Windenergieausbau legte China um 66 Prozent zu. Die IEA geht davon aus, dass die Erneuerbaren schon 2025 zur größten Energiequelle bei der weltweiten Stromerzeugung werden. Unter derzeitigen Marktbedingungen und bei Beibehaltung der politischen Rahmenbedingungen sei man auf dem Weg, bis 2030 einen globalen Zubau um den Faktor 2,5 zu erzielen – man käme also dem auf der COP 28 vereinbarten Ziel einer Verdreifachung der regenerativen Kapazität näher.[2]

Es ist angesichts solcher Zahlen keine Frage: die Erneuerbaren, vor allem Photovoltaik und Windenergie sind als zentrale Träger der Energiewende gesetzt. Man darf sagen, dass ihr weltweiter Siegeszug in Deutschland begann. Das Erneuerbare-Energien-Gesetz (EEG) hat den deutschen Verbraucher durch die Netzumlage zwar Unsummen (bis 2021 etwa 480 Milliarden Euro[3]) gekostet, aber ohne diese Subvention der Bundesbürger hätte es die enorme globale Skalierung, den raschen technischen Fortschritt und die heute erreichte preisliche Wettbewerbsfähigkeit mit fossilen Energien so schnell nicht gegeben. In gewisser Weise haben die deutschen Verbraucher also eine Art Entwicklungshilfe für den Ausbau der erneuerbaren Energien in der Welt geleistet und einen globalen grünen Leitmarkt geschaffen. Eine gute Tat.

Allerdings wandert die Manufaktur von Solarmodulen, Windrädern, Konverterstationen, Umspanntransformatoren, Wärmepumpen usw. mehr und mehr nach Asien aus. Es gab ein Wirtschaftswunder durch die Erneuerbaren. Aber eben kaum bei uns. Auch das gehört zur Wahrheit.

Ich habe das als Unternehmensberater direkt miterlebt. Von 2009 bis 2012 habe ich für das indische Solarunternehmen

IV.: Über erneuerbare Energien hinaus

Moser Baer (inzwischen heißt die Solarsparte Hindustan Power) gearbeitet. Meine Aufgabe war es, Flächen für Solarparks zu identifizieren, Baugenehmigungen und Finanzierungen durch lokale Bankinstitute zu sichern, örtliche Firmen und Generalunternehmer für den Bau anzuheuern usw. Moser Baer stellte damals schon die Module selbst her. Diese waren sozusagen das Eigenkapital. Damit – und mit der staatlich geregelten Einspeisevergütung für 20 Jahre – war es wirklich nicht allzu schwer, ein Projekt nach dem anderen zu bauen. Nach zwei Jahren hatten wir bereits über 50 Megawatt Solarenergie installiert. Die Inder verkauften die Solarparks unmittelbar nach Fertigstellung, was auch relativ leicht ging, weil es ja die festgelegte staatliche Subventionierung gab. Als die Bundesregierung schließlich verstand, welch einen riesigen und stetig wachsenden Finanzrucksack sie dem deutschen Verbraucher mit steigenden Netzentgeldern aufbürdete, und deshalb die Einspeisevergütung senkte, verschwand das Unternehmen noch schneller, als es aufgetaucht war. Die Marge war nicht mehr attraktiv genug. So verlor ich mein (ziemlich einträgliches) Mandat. Aber es gab in der Folge andere gute Aufträge. Sogar in Iran (während der Öffnungsperiode, als es große Hoffnungen für eine Liberalisierung des Mullah-Regimes gab) waren wir tätig – und haben die damalige iranische Regierung bei ihrem ersten Gesetz zur Förderung der erneuerbaren Energien beraten.

Die Erneuerbaren haben eine enorme weltweite »Lobby« – in der Politik und bei Hedgefonds, Investitionsbanken und Finanzinstituten. Sie werden sich technisch weiterentwickeln, zum Beispiel mit der Gewinnung von Drachenkraftwerken, die mit »kites« in großen Höhen wesentlich mehr Energie generieren können als am Boden. Es wird viele erfolgreiche Innovationen

IV.: Über erneuerbare Energien hinaus

geben. Die Erneuerbaren sind sozusagen »gesetzt« – deshalb verzichte ich darauf, ihnen in diesem Buch ein eigenes Kapitel zu widmen.

Mir kommt es darauf an, dass Klimapolitik nicht ausschließlich auf den Ausbau von Wind- und Sonnenenergie beschränkt wird. Wir werden den Klimawandel nur dann abwenden, wenn wir alle technologischen Möglichkeiten unvoreingenommen prüfen und ggf. einsetzen.

Es gibt unzählige spannende technologische Innovationen, die alle im Kampf gegen den Klimawandel helfen können. Sie verdienen ein eigenes Buch, einige sollen aber immerhin erwähnt werden:

Technologien wie Phyrolyse, Ethenolyse oder Plasmalyse, mit denen aus Abfällen, Gülle oder pflanzlichen Rückständen grüner Wasserstoff hergestellt wird, können in der Zukunft einen enormen Beitrag leisten. Verbio in Bitterfeld-Wolfen, Graforce in Berlin-Adlershof[4] oder die RAG in Österreich sind hier bereits sehr erfolgreich unterwegs.[5] Auch in den wissenschaftlichen Spitzeninstituten wie Max Planck, Fraunhofer oder Helmholtz, aber auch an den Universitäten und Hochschulen in Deutschland findet fantastische Forschung statt.

Direct Air Capture, also die direkte Entnahme von CO_2 aus der Atmosphäre durch das Ansaugen von Umgebungsluft mit großen Ventilatoren und ihre anschließende chemische Bearbeitung ist eine weitere Technologie mit gewaltigem Potenzial. Es gibt inzwischen zahlreiche Firmen, die mit verschiedenen DAC-Techniken experimentieren, etwa Climeworks in der Schweiz oder Sunfire in Deutschland. Frank Obrist, CEO der Obrist Group in Lindau am Bodensee, sagt, dass das von ihm entwickelte Verfahren die bisher enormen Kosten (heute ca. 600 Dollar für eine

Tonne CO_2, die der Luft entnommen wird) dramatisch reduzieren würde. Wir stehen ganz am Anfang der Ausbreitung dieser vielversprechenden Klimatechnologie.

Kreislaufwirtschaft bis hin zu »Cradle to Cradle« (Michael Braungart) muss nicht nur bei uns in Europa, sondern weltweit in den Mittelpunkt gerückt werden. Ich habe bei Remondis in Lünen 2022 modernste Anlagen besichtigt, die alles übertreffen, was ich bis dahin im Bereich Recycling und Wiederverwertung von Rohstoffen gesehen hatte.

Entscheidend für den Erhalt des Weltklimas ist der Erhalt der tropischen Regenwälder. Mein früherer Bundestagskollege Christian Ruck hat fast sein ganzes politisches Leben den Regenwäldern und Nationalparks gewidmet und nach Ende seiner Zeit als Abgeordneter fast ein Jahrzehnt für die Kreditanstalt für Wiederaufbau (KfW) in Kamerun und anderen Teilen Afrikas mit den dortigen Regierungen an entsprechenden Regelungen gearbeitet. Ich habe ihn in Ruanda, Uganda und im Kongo begleitet und viel von ihm gelernt.[6]

Unterschätzt wird die Bedeutung der Wälder, Böden oder Moore außerhalb der tropischen Zonen. Hans Albrecht, ein sehr erfolgreicher deutscher Unternehmer, führt in Neuseeland in großem Maßstab Aufforstungsarbeiten durch. Er hat berechnet, welche Unmengen Solarpanele installiert werden müssten, um die durch ihn geschaffene natürliche CO_2-Senke zu ersetzen.[7] Reinhard Hüttl war 14 Jahre Leiter des GeoForschungsZentrums Potsdam, einem Institut der Helmholtz-Gesellschaft. Zusammen mit seinem Kollegen Uwe Schneider hat er nun die Firma Eco-Environment Innovation gegründet und arbeitet intensiv an diesen Themen. Die von ihnen beratene Stiftung Kunst und Natur von Susanne Klatten hat ein Gesprächsnetzwerk Boden ins Leben

IV.: Über erneuerbare Energien hinaus

gerufen, dem auch ich angehöre. Hüttl, einer der herausragenden Köpfe in der Klima- und Energieforschung, sieht enorme Chancen in einer nachhaltigen Forst- und Bodennutzung sowie in der Landwirtschaft, nicht zuletzt in der Meeresbiologie und -ökologie.[8]

Von enormer Bedeutung sind die Speicherforschung und -technologie. Je besser es zum Beispiel gelingen würde, den aus Solar- und Windkraft gewonnenen Strom zu speichern und damit auch dann nutzen zu können, wenn die Sonne nicht scheint und der Wind nicht weht, desto mehr könnten wir auf fossile oder nukleare Grundlastkraftwerke verzichten. Im Oktober 2023 stellte zum Beispiel ein Forschungsverbund um die Technische Universität Berlin eine neues Energiespeicherprojekt vor, das die Eigenschaften von Batterie und Elektrolyseur zusammenführt. Es handelt sich um eine Zink-Wasserstoff-Batterie. Peter Strasser, Leiter des Fachgebiets Electrochemical Catalysis, Energy and Material Science will damit die traditionelle Konkurrenz von Batterie- und Wasserstofftechnologien durchbrechen.[9]

Man könnte diese Liste fast beliebig erweitern – etwa um die noch immer nicht wirklich gehobenen Potenziale von Geothermie oder Kraft-Wärme-Kopplung (KWK). So viele spannende Ideen, Initiativen, Erfindungen und Start-ups wären erwähnenswert. Das Wunderbare daran: Hier bei uns wird frei und ohne ideologische Scheuklappen geforscht und mit enormem Sachverstand und Engagement neue Optionen im Klimaschutz entwickelt.

Im Folgenden will ich mich auf fünf Technologien konzentrieren, die neben den erneuerbaren Energien entscheidend zum Kampf gegen den Klimawandel beitragen können:

IV.1. Das enorme Potenzial von CCS und CCU im Kampf gegen die Erderwärmung

Carbon Capture Storage (CCS), also die Abscheidung, der Transport und die Speicherung von CO_2 galt in Deutschland lange als Tabu. Aber Anfang Januar 2023 besuchte Bundesminister Robert Habeck Norwegen, um sich vor Ort ein Bild von CCS zu machen, das bei unserem nördlichen Nachbarn seit einem Vierteljahrhundert sicher praktiziert wird. Dort liegen bereits ca. 28 Millionen Tonnen CO_2 in der Erde verpresst, die andernfalls in die Atmosphäre gelangt wären. Der Klima- und Wirtschaftsminister gab damit der deutschen Öffentlichkeit – und vor allem seiner eignen Partei – ganz bewusst ein Signal, dass er beabsichtigte, CCS aus dem Dornröschenschlaf zu wecken, in den es ein Jahrzehnt zuvor durch einen breiten überparteilichen Konsens versetzt worden war. Die Bundesregierung legte etwas über ein Jahr später, Ende Mai 2024, eine Carbon-Management-Strategie und entsprechende Gesetzesvorhaben vor, auf die noch einzugehen sein wird.

Mit dieser Initiative verhinderte die Bundesregierung eine drohende Isolierung Deutschlands, denn die EU hatte schon im Frühjahr 2023 im Entwurf für einen Net Zero Industry Act CCS als förderungswürdige Technologie anerkannt und erklärt, bis zum Ende des Jahrzehnts 50 Millionen Tonnen aus industriellen Prozessen abzuscheiden und unterirdisch einzulagern. EU und Bundesregierung sind damit endlich auch der Empfehlung des Intergovernmental Panel on Climate Change (IPCC) gefolgt, das bereits seit 15 Jahren den Einsatz von CCS fordert und in seinem 6. Sachstandsbericht (2021–2023) erneut die zentrale Rolle von CCS hervorhob. Ich hatte mich bereits als Politiker ab

2006, aber dann auch im Rahmen unserer Forschungsarbeit am King's College London immer wieder positiv zu dieser Technologie geäußert. Im Dezember 2012 hatte ich zusammen mit dem Global CCS Institute, Australien, der indischen NGO Teri und dem Atlantic Council der USA eine internationale Konferenz zu dem Thema organisiert, die schließlich in einer New Delhi-Declaration mündete, mit der wir von der Politik forderten, CCS als zentralen Pfeiler der Klimapolitik anzuerkennen und zu fördern.[10]

In Deutschland hatte der Vorstandsvorsitzende von RWE, Jürgen Großmann, bereits 2008 Pläne verkündet, in Hürth bei Köln ein modernes Kohlekraftwerk mit einer neuen Kohlendioxidabscheidetechnologie zu bauen. Er schlug – in Anwesenheit von Kanzlerin Angela Merkel – eine 500 km lange unterirdische Pipeline vor, die das abgeschiedene CO_2 nach Schleswig-Holstein transportieren sollte, um es dort in unterirdischen Lagerstätten dauerhaft zu speichern. Im nördlichsten Bundesland versprach die geologische Formation eine besonders sichere Speicherung von Kohlendioxid.

Im selben Jahr nahm das schwedische Unternehmen Vattenfall ein 30-Megawatt-CCS-Pilotprojekt im Industriepark Schwarze Pumpe im brandenburgischen Spremberg in Betrieb, die weltweit erste CO_2-Abscheideanlage. Vattenfalls Vorstandschef Tuomo Hatakka verkündete damals: »Kohle hat Zukunft, die Emission von CO_2 nicht.« – Vattenfall plante, die Erkenntnisse aus Schwarze Pumpe bis 2015 im Lausitzer 500-Megawatt-Kohlekraftwerk Jänschwalde in einer Demonstrationsanlage anzuwenden, um CCS bis 2020 serienreif zu machen.

Aber die CCS-Pioniere in Deutschland wurden von Beginn an von Klimaaktivisten entschieden bekämpft. Die neue Techno-

IV.: Über erneuerbare Energien hinaus

logie war in der Gesellschaft nicht diskutiert worden, kaum einer wusste, worum es ging. In diese Unsicherheit stießen Klimaaktivisten mit der Behauptung, CCS sei eine gefährliche Technologie, bei der es in Wahrheit nur um die Verlängerung der Kohleförderung und das Ausbremsen des Ausbaus der erneuerbaren Energien ginge. Diese Argumentation war eingängig, denn die Anwendungsfelder waren damals ja tatsächlich ausschließlich Kohlekraftwerke.

Die Proteste der Klimaaktivisten, die wachsenden Ängste in der Bevölkerung, aber auch die Bedenken aus der Wasserwirtschaft oder von den bayerischen Bierbrauern, die eine Verunreinigung des Grundwassers befürchteten, verhinderten eine Akzeptanz in der Gesellschaft. Die Politik versagte ihre Unterstützung. Namentlich Schleswig-Holstein und Niedersachsen, wo Lagestätten zur Verpressung des CCS geplant waren, lehnten die Projekte vehement ab. Das war zunächst das Ende von CCS in Deutschland. Der Bundestag verabschiedete ein Gesetz, das den Unternehmen eine Weiterführung ihrer Pläne de facto unmöglich machte. Anfang Dezember 2011 verkündete Vattenfall vor dem Hintergrund der »Hängepartie um das deutsche CCS-Gesetz« das sofortige Ende des 1,5-Milliarden-CCS-Projektes Jänschwalde. Der schwedische Staatskonzern machte aus seiner Enttäuschung keinen Hehl und bezeichnete das erzwungene Aus als »herben Rückschlag für Innovation, Klimaschutz und die deutsche Wirtschaft«.

Das Scheitern von CCS ist zu einem Teil auch ein Fehler der Unternehmen, die nicht erkannt hatten, dass man eine neue Technologie und daraus erwachsende Großprojekte nicht im Schnellverfahren durchsetzen kann. Diese Zeiten waren längst vorbei. Man hätte wissen müssen, dass man die Bevölkerung

IV.1. Das enorme Potenzial von CCS und CCU

bei solchen Projekten behutsam mitnehmen muss. Aber Politik und Unternehmen waren so sehr von der neuen Technologie und ihrer positiven Wirkung auch auf die Klimabewegung überzeugt, dass ihnen ein vorsichtiges Vorgehen unnötig erschien.

Andererseits war es unverantwortlich, wie Klimaaktivisten mit Falschinformationen Ängste schürten, die einen rationalen Dialog über CCS unmöglich machten. Ich erinnere mich noch gut an die Auseinandersetzungen Anfang der Zehnerjahre. Die Vorstellung wurde verbreitet, es drohe CO_2 aus den Speichern zu entweichen – mit Erstickungsgefahr für Tausende von Menschen. Den Böden und dem Grundwasser drohe eine schreckliche Verunreinigung, was der BUND mit einem Gasmaske tragenden Maulwurf plakativ unterstrich. Gleichzeitig wurde mit der Verwendung des Begriffs »CO_2-Endlager« eine emotionale Verbindung zu nuklearen Endlagern und den damit verbundenen Risiken hergestellt. Diese Kampagne, vor allem vom BUND und Greenpeace, fand Widerhall in den Medien, CCS wurde als »umstritten« dargestellt, so dass bei den Bürgern Unsicherheit entstand. Selbst mit Hinweisen auf die langjährigen Erfahrungen der Norweger mit CCS war es unmöglich, die entstandenen Vorurteile aufzubrechen. Auch die jahrzehntelangen Erfahrungen mit dem Transport und der Speicherung von Gas, die wir in Deutschland gesammelt hatten und die breit akzeptiert waren, vermochten die Ängste, einmal entfacht, nicht zu schmälern.

Der vielleicht kenntnisreichste deutsche Wissenschaftler auf diesem Gebiet ist der Geophysiker Hans-Joachim Kümpel. Seit 1991 ordentlicher Professor für angewandte Geophysik, später Präsident der Deutschen Geophysikalischen Gesellschaft, leitete er schließlich von 2007 bis 2016 als Präsident die Bundes-

IV.: Über erneuerbare Energien hinaus

anstalt für Geowissenschaften und Rohstoffe (BGR) in Hannover. Kümpel hat im November 2023 in einer Studie noch einmal klargemacht, dass aufgrund der »jahrzehntelangen Erfahrungen« die »Beherrschbarkeit der CCS-Technologie« als wichtiger Beitrag zum Erreichen der Klimaschutzziele »nachgewiesen« sei. Kümpel weist auf die hohen Sicherheitsstandards hin: Standortauswahlverfahren, Standorterkundung, Durchführung der entsprechenden geotechnischen Maßnahmen, striktes System von Monitoring, Reporting und Verification (MRV), Störfallvorsorge und Speicherverschluss. Kümpel beklagte die von »kaum sachkundigen Akteuren in Gang gebrachten Widerstände in der Bevölkerung«.[11]

Angesichts der enormen – und gerade von Klimaaktivisten in dunkelsten Farben beschworenen – Gefahren der Erderwärmung und des klaren Votums des Weltklimarates der Vereinten Nationen erscheint der Widerstand in der Bewegung der Klimaschützer bis hin zur Sonderbeauftragten für internationale Klimapolitik im Auswärtigen Amt, der früheren Greenpeace-Chefin, Staatssekretärin Jennifer Morgan, wenig überzeugend.[12]

Wie viel weiter wären wir bei der globalen Bekämpfung des Klimawandels, wenn wir in Deutschland in den Jahren 2008 bis 2012 nicht den Angstkampagnen vermeintlicher Klimaschützer gefolgt wären, sondern auf die wissenschaftliche Expertise und die langjährige Erfahrung von Hans-Joachim Kümpel und seinen Kollegen in der BGR gehört hätten. Wie viele Tonnen CO_2-Emissionen hätten seitdem weltweit eingespart werden können! Wie viele Kohlekraftwerke in aller Welt hätten inzwischen mit einer in Deutschland erprobten Technologie sauber gemacht werden können. Anstatt den Kampf gegen die Kohle an sich zu führen, wäre man besser gefahren, den Kampf auf die CO_2-Emis-

IV.1. Das enorme Potenzial von CCS und CCU

sionen bei der globalen Nutzung der Kohle zu konzentrieren. Hier hätte zudem das Potenzial gelegen, mit Klimaschutztechnik auch eine signifikante Stärkung der deutschen Wirtschaft zu erreichen. So aber hat Deutschland – einmal mehr – eine eigene technologische Pionierrolle aufgegeben.

Diese Vorlage nutzten andere Industrienationen sofort. Schon im Juli 2008, auf dem Toyako-Gipfel in Japan, verpflichteten sich die G8-Staats- und Regierungschefs dazu, 20 große CCS-Testprojekte durchzuführen, CCS-Roadmaps zu erarbeiten und die Kommerzialisierung voranzutreiben.

Während Deutschland die hoffnungsvolle CCS-Technologie verworfen hatte, gingen andere Länder das Thema beherzt an. Sie verfügen heute entweder über klare Pläne, bereits im Bau befindliche Projekte oder sogar schon über funktionierende Abscheidungs- und Speichervorrichtungen. Norwegen, Dänemark, die Niederlande, Großbritannien, die USA, Kanada, Australien und China sind inzwischen technologisch weiter als Deutschland. Während Deutschland zögert, entwickeln andere mit CCS längst Geschäftsideen. Island zum Beispiel baut einen Importhafen für Kohlendioxid aus anderen Ländern. Wer keine CCS-Lagerstätten bauen will, hat in manchen Fällen immerhin eine Infrastruktur für den Transport entwickelt. Der belgische Infrastrukturbetreiber Fluxys etwa hat Pläne für ein offen zugängliches CO_2-Netz entwickelt, das mit Schiffsterminals in Gent und Antwerpen sowie einer von Zeebrügge zu norwegischen Speicherstätten führenden Offshore-Pipeline führen und über drei Ausspeisepunkte verfügen soll. Bis 2030 will Fluxys dem Markt Kapazitäten für den Transport von 30 Millionen Tonnen CO_2 pro Jahr zur Verfügung stellen. Belgien soll ferner durch eine Anbindung an Deutschland und weitere Nachbarländer zu einem europäischen CO_2-Hub weiterentwickelt werden. Im Mai 2024 habe ich den Hafen Antwerpen-Brügge, den zweitgrößten Hafen Europas (nach Rotterdam) besucht. Der CEO, Jacques Vandermeiren, lässt keinen Zweifel daran, dass die Abscheidung und Nutzung von Kohlendioxid im gigantischen Chemiecluster des Hafens eine zentrale Rolle spielen wird.

Weltweiter Vorreiter aber ist unbestritten die norwegische Firma Equinor, die seit 25 Jahren CCS erfolgreich praktiziert und der Welt heute eindrucksvoll demonstriert, dass es sich bei CCS – wenn Umwelt- und Sicherheitsstandards eingehalten werden – um eine sichere Technologie handelt. Das bei der Gasförderung in den Feldern Snøhvit und Sleipner mit entstehende CO_2 wird abgetrennt und mehrere tausend Meter tief unter dem Meeresboden in geeigneten Gesteinsschichten, die mit Sandstein und Salz gefüllt sind, verpresst. Diese Reservoirs werden als saline Aquifere bezeichnet. Zur Sicherheit trägt wesentlich bei, dass das CO_2 in die Poren des Gesteins injiziert und so dauerhaft eingeschlossen wird. Mit den Jahren löst sich das CO_2 im Salzwasser langsam auf. Ein Teil des CO_2 bildet Mineralien, es wird im wahrsten Sinne des Wortes versteinert. Die Sicherheit der Speicherung wird ferner durch Überwachungsprogramme und Lagerstättensimulationen ständig beobachtet. Neue Projekte wie Longship und vor allem Nothern Light bauen die Transport- und Speicherkapazität so aus, dass die Verpressung von CO_2 auch aus anderen europäischen Ländern ermöglicht wird. Total, Shell und Wintershall-Dea (die im Dezember 2023 an die britische Harbour Energy verkauft wurde, womit Deutschland das Zentrum seiner CCS-Fähigkeiten verlor) und andere sind hier inzwischen Partner, es entsteht langsam, aber sicher eine veritable europäische CO_2-Infrastruktur.

IV.1. Das enorme Potenzial von CCS und CCU

Eine markante Wegmarke auf dem Weg zur Dekarbonisierung in Europa ist das Projekt Greensand, das seit April 2023 die gesamte Wertschöpfungskette bei CCS grenzüberschreitend umfasst. Aus Belgien werden »schwer vermeidbare CO_2-Emissionen« aus der Industrie per Schiff zur Nini-West-Lagerstätte in Dänemark transportiert und dann über Bohrlöcher in eine fast 2000 Meter tiefe Sandsteinschicht injiziert. Das Projekt, von Wintershall-Dea geführt, wird von der EU unterstützt. Mario Mehren und Anders Opedal, die Vorstandschefs von Wintershall und Equinor gaben im Sommer 2022 gemeinsame Pläne für den Bau einer CO_2-Pipeline von Wilhelmshaven in die norwegische Nordsee bekannt. Das Unternehmen Open Grid Europe (OGE) verkündete im August 2023 Pläne für ein CO_2-Pipeline-Netz von Köln bzw. Wolfsburg und Salzgitter über einen Knotenpunkt in Oldenburg bis nach Wilhelmshaven. Allein das niederländische Porthos-Projekt (Port of Rotterdam CO_2 Transport Hub und Offshore Storage) ist auf eine Abscheidekapazität von 2,5 Millionen Tonnen CO_2 jährlich ausgelegt. Das Kohlendioxid wird bei der Produktion von blauem Wasserstoff (aus der Umwandlung von Erdgas) sowie in der chemischen Industrie abgeschieden und über ein Pipelinenetz, das vier Industrieanlagen verbindet, in drei ausgeförderte Erdgaslagerstätten etwa 20 Kilometer vor der Küste Hollands transportiert und dort eingelagert.

Insgesamt gab es 2024 immerhin 20 konkrete CCS-Vorhaben in Planung oder Umsetzung, davon sechs in Großbritannien, je fünf in Belgien und den Niederlanden, je zwei in Dänemark und Norwegen.

Durch die beschriebenen Aktivitäten durch Wintershall und OGE ist seit 2022/23 endlich auch in Deutschland Bewegung in das Thema CCS gekommen, allerdings springen wir angesichts des globalen Problems des Klimawandels viel zu kurz. Es ist zweifellos ein gutes Zeichen, dass die Bundesregierung im Mai 2024 mit der oben erwähnten Carbon Management Gesetzesnovelle endlich einen ersten Schritt in Richtung CCS macht. Dieser konzentriert sich auf schwer vermeidbare Emissionen etwa aus dem Bereich der Grundstoffindustrie (z. B. Chemie, Zement, Kalk, Glas, Stahl) und ermöglicht Transport und Lagerung in Offshore-Lagerstätten im Ausland, aber auch innerhalb der deutschen Ausschließlichen Wirtschaftszone (AWZ). Die Bundesregierung sieht weiter keine Onshore-Lagerung in Deutschland. Allerdings hat der Bund eine gesetzliche Grundlage geschaffen, die auf Bitten einzelner Bundesländer ein Opt-in für die Speicherung im geologischen Untergrund auf dem deutschen Festland vorsieht. Das geht weiter, als viele Beobachter geglaubt hatten. Das Gleiche gilt auch für die durch die Carbon Strategie geschaffene Möglichkeit, auch in Gaskraftwerken CCUS zu nutzen, »im Sinne eines technologieoffenen Übergangs zu einem klimaneutralen Stromsystem«.

Kaum waren die Einzelheiten der Strategie veröffentlicht, hagelte es Kritik aus der Grünen-Fraktion und von Umweltverbänden. Vor allem mit der Ermöglichung von CCUS bei Gaskraftwerken glauben Teile der grünen Bewegung, dass hier der Ausbau der Erneuerbaren gebremst und fossile Geschäftsmodelle verlängert werden sollen. Das will die Regierung sicher nicht. Ihr geht es, ganz pragmatisch, darum, für eine Situation vorzusorgen, in der die wasserstofffähigen Gaskraftwerke unter Umständen länger im Dienst bleiben müssen, weil noch nicht genügend Wasserstoff zur Verfügung steht.[13] Es bleibt abzuwarten, wie sich die politische Debatte entwickelt. Aber es muss festgehalten werden, dass Robert Habeck vor dem Hintergrund der Debattenlage in seiner Partei hier einen mutigen Schritt gegangen ist.

Weit entfernt ist die Regierung allerdings davon, CCS in Kohlekraftwerken zu nutzen, wie es 2008 Jürgen Großmann und Tuomo Hatakka vorschwebte. Das ist heute in der EU kein Thema mehr. Dieser Weg wurde vor 15 Jahren verworfen – und heute ist wohl die Entwicklung darüber hinweggegangen. Durch den erfolgreichen Ausbau der erneuerbaren Energien laufen die konventionellen Kohlekraftwerke nur wenige Stunden, nämlich dann, wenn der Wind nicht weht und die Sonne nicht scheint. Der generelle Kohleausstieg ist in Europa nur eine Frage der Zeit. Deshalb würden sich Abscheideanlagen kaum mehr rechnen. Deutschland und die EU konzentrieren sich deshalb bei CCS vor allem auf die Abscheidung von schwer vermeidbaren Emissionen bei industriellen Prozessen.

CCS für die Kohleproduktion außerhalb Europas nutzen

Was in Europa richtig ist, wäre in den meisten anderen Teilen der Welt allerdings ein schwerer Fehler. Wie schon ausgeführt: In China allein wurden 2022 bereits neue Kohlekraftwerke für 106 GW genehmigt. Indien entwickelte 2023 65,3 GW und rühmt sich neuer Rekordzahlen. Hier ist man stolz darauf. (Zum Vergleich: Deutschlands gesamte installierte Kraftwerksleistung beträgt 249 GW.)[14] Diese neuen Kraftwerke werden mit großer Sicherheit auch Mitte des Jahrhunderts noch Kohle verbrennen. Wie China sind auch viele andere Länder der Überzeugung, dass sie künftig noch stark auf fossile Energien angewiesen sind, um die Bedürfnisse einer rasch wachsenden Bevölkerung zu befriedigen. Wenn Kohle weiter verbraucht wird, dann doch wohl lieber mit als ohne CCS. Deshalb muss man aus klimapolitischer Sicht CCS auch bei Kohlekraftwerken außerhalb Europas unbedingt nutzen.

IV.: Über erneuerbare Energien hinaus

Es wird Zeit, sich von der lange bei uns genährten Illusion zu verabschieden, dass größere Mengen fossiler Energien in der Erde bleiben werden. Diese Forderung hört sich vielleicht gut an, viele Länder in der Welt empfinden sie aber als Zumutung. Die meisten Länder im Globalen Süden werden für Wachstum und Wohlstand ihre lokalen fossilen Bodenschätze nutzen. Die Weltenergieversorgung besteht heute nach wie vor zu etwa 80 Prozent aus der Nutzung fossiler Energien. Der rasante Ausbau der erneuerbaren Energien und auch der Kernkraft wird dazu führen, dass sich das allmählich ändert. In absoluten Zahlen zeichnet sich jedoch in absehbarer Zeit keine Minderung des Verbrauchs von Kohle, Öl und Gas auf der Welt ab. Die Kohleförderung hat in den letzten Jahren – wir müssen es zur Kenntnis nehmen – Jahr für Jahr neue Rekorde erzielt.

Auf der World Policy Conference (WPC) Anfang November 2023 in Abu Dhabi erlebte ich das erste Mal, wie einem klugen Energiepolitiker, dem Inder Narendra Taneja, der Kragen platzte – und welchen Eindruck er mit seiner kurzen Intervention hervorrief: Er sei die Predigten aus Europa leid, man höre inzwischen in großen Teilen des Globalen Südens kaum noch hin. Es ginge etwa in seinem Land darum, über eine Milliarde Menschen zu ernähren, vielen Millionen überhaupt erst Zugang zu Energie, Bildung, zu sauberem Wasser und einem gewissen Wohlstand zu ermöglichen. Natürlich werde Indien – und alle anderen Länder in Afrika und Asien mit vergleichbarem Bevölkerungswachstum auch – jede mögliche und bezahlbare Energiequelle, vor allem aber die eigenen Ressourcen nutzen. Man baue in Indien die sauberen Energien – aus seiner Sicht Erneuerbare und Atomkraft – mit enormer Dynamik aus. Aber das reiche auch bei den größten Anstrengungen nicht. Man würde die langfristigen

IV.1. Das enorme Potenzial von CCS und CCU

Klimazielsetzungen der internationalen Staatengemeinschaft gerne mittragen, aber man wolle sich nicht vorschreiben lassen, auf welchem Weg diese Ziele zu erreichen seien. Die aus Europa kommende Überhöhung von Klimazielen gegenüber Themen wie Zugang zu Energie, Sicherheit und Bezahlbarkeit von Energie sowie Entwicklung, Wohlstand oder Bildung sei unerträglich.

Die Brandmarkung der fossilen Energien als klimapolitische Sünde ist eine politisch-normative Vorgabe, für die es zwingende Gründe (den Treibhauseffekt) gibt. Aber Kohle, Öl oder Gas sind doch nicht an sich das Problem, sondern die bei ihrer Verbrennung freiwerdenden Emissionen. Wenn wir diese mit CCS großflächig abscheiden und speichern – warum sollten diese Energien dann nicht bis auf Weiteres genutzt werden, solange erneuerbare Energien nicht ausreichend vorhanden sind?

Bereits im September 2015 hatten sich China und die USA auf gemeinsame Forschungsvorhaben für CCS bei der Kohleverstromung (Clean Coal Deal) verständigt. Der den Grünen zugerechnete Staatssekretär im Umweltministerium Jochen Flasbarth erklärte damals zustimmend: »Für Länder, die absehbar noch für längere Zeit Kohle nutzen werden, ist die Weiterentwicklung von CCS eine Option, die man nicht beiseitewischen sollte.«[15]

Ein gewichtiges Gegenargument in der Debatte lautet, dass CCS wegen des hohen Energieaufwandes bei der Abscheidung zu teuer sei und dass die wenigen bisher als gesichert identifizierten Lagerstätten klimapolitisch kaum einen Unterschied machten. Ganz ähnlich argumentierte vor wenigen Jahren noch die traditionelle Energiewirtschaft gegen die »alternativen Energien«, wie es damals hieß. Damals konnte sich auch niemand vorstellen, wie schnell der Zubau ausfallen, wie der technologische Fortschritt auch die Integration großer Mengen fluktuierender Energie in die Netze ermöglichen und wie sehr die Preise durch Skalierung fallen würden. Warum soll das bei CCS nicht möglich sein?

Auch das Argument, man bremse mit CCS wichtige Solar- und Windprojekte aus, kann nicht überzeugen: Der Energiebedarf und die CO_2-Emissionen auf der Welt steigen so gewaltig, dass wir alle Möglichkeiten zur Dekarbonisierung nutzen müssen.

China, Indien, Russland, Indonesien, Australien, Südafrika, Brasilien, Kolumbien und viele weitere Länder auf der Welt werden weder durch Zureden noch durch Druck darauf verzichten, weiter Kohle, Erdöl und Gas zu nutzen. Dann ist es doch besser, diese Energieerzeugung mit als ohne CCS durchzuführen. Nicht zur Verlängerung von fossilen Geschäftsmodellen, sondern als Teil verantwortlicher Klimapolitik.

CCU: Kohlendioxid als Rohstoff

Es wird aber zunehmend wichtig, Kohlendioxid nicht nur zu speichern, sondern auch als Rohstoff zu nutzen, also Carbon Capture Utilization (CCU) anzustreben. Auch dieser Gedanke hat es inzwischen in die erwähnte Carbon-Management-Strategie der Bundesregierung geschafft.

Eine zentrale technische Grundlage für CCU ist in Deutschland entstanden. Die Chemiker Franz Fischer und Hans Tropsch entwickelten 1925 am Kaiser-Wilhelm-Institut für Kohlenforschung in Mülheim an der Ruhr das nach ihnen benannte Verfahren: die Fischer-Tropsch-Synthese. Mit deren Hilfe können mit regenerativ erzeugtem Wasserstoff und CO_2 z. B. synthetische Kraftstoffe (E-Fuels) hergestellt werden. Der große klimapolitische Nutzen liegt darin, dass E-Fuels dem fossilen Treibstoff

IV.1. Das enorme Potenzial von CCS und CCU

im Flug-, Schiffs- oder Straßenverkehr beigemischt und so der gesamte Verkehr schrittweise dekarbonisiert werden kann. Der ökonomische Nutzen liegt darin, dass die gesamte Infrastruktur, nämlich die Ölpipelines, Raffinerien, Tankschiffe und Tanklastwagen, weiter genutzt werden können. Ein Innovationstreiber ist hier die Firma Highly Innovative Fuels Global (HIF Global). In Südchile (in Zusammenarbeit mit Siemens Energy und Porsche) sowie in Texas entstehen die ersten HIF-Anlagen, die mit Wind- und Solarkraft sowie CO_2 E-Fuels erzeugen. Letztlich sind E-Fuels nichts anderes als grüner Wasserstoff in der Flasche.

Ein weiteres Beispiel für die Fischer-Tropsch-Systhese findet sich in Lindau am Bodensee bei dem österreichischen Ingenieurunternehmen Obrist Group. Der Chef, Frank Obrist, ist ein Schüler von Felix Wankel, dem legendären Erfinder des Wankel-Motors, in dessen Büros und Laboren er heute seine Patente entwickelt. Obrist zielt auf die Herstellung von Antrieben, die mehr als nur klimaneutral sind. Durch eine Kombination der Fischer-Tropsch-Synthese und einem besonderen von Obrist entwickelten Direct-Air-Capture-Konzept, mit dem der Luft CO_2 und Wasser entzogen werden, will er CO_2-negative Mobilität ermöglichen. Zu schön, um wahr zu sein! Eine schöne Spinnerei in der Kategorie Perpetuum Mobile – oder doch ein realistische Vision? Im Gegensatz zu HIF will Obrist nicht selbst produzieren. Er steht vielmehr für die Tradition der Tüftler und Ingenieure, die Deutschland und Europa in den letzten zweihundert Jahren mit ihrer Kreativität zu viel Wohlstand verholfen haben.

Ein anderes technisches Verfahren, in dem CO_2 als Rohstoff eine Rolle spielt, ist die sogenannte Sabatier-Reaktion, auch Methanisierung, benannt nach dem französichen Chemiker Paul Sabatier. Diese Technologie ist die Grundlage des Geschäftsmodells der Firma Tree Energy Solutions (TES). In riesigen Solar- und Windkraftanlagen an den Orten der Welt, wo die Sonne am intensivsten scheint oder der Wind am stärksten weht, wird grüner Wasserstoff erzeugt (geplant u. a. in Nordafrika, Texas, arabische Halbinsel, Australien und Indien). Der Wasserstoff wird durch das Sabatier-Verfahren mit Kohlendioxid kombiniert, das bei der Abscheidung von CO_2 in Industrieanlagen gewonnen und per Schiff in die betreffende Region transportiert wird. So entsteht synthetisches Methan, electric Natural Gas (e-NG), das dann mit denselben Schiffen wieder in die Industriegebiete verfrachtet wird, wo es nach und nach fossiles Erdgas ersetzt. Der große Vorteil auch hier: Die gesamte Gasinfrastruktur, die über Jahrzehnte aufgebaut wurde, wie LNG-Transportschiffe, LNG-Terminals, Pipelines und Speicher können 1:1 auch für synthetisches grünes Gas verwandt werden. Das ist der beste Weg zur Dekarbonisierung: nicht alles elektrisch machen, nur in Elektronen denken, sondern die Moleküle grünen lassen, die heute 80 Prozent unserer Energieversorgung ausmachen. Bis 2030 will TES eine Million Tonnen e-NG herstellen und damit 15 Terrawattstunden (TWh) Energie liefern und auf diese Weise 2 750 000 Tonnen abgeschiedenes CO_2 als Rohstoff nutzen. Hier werden mehrere Fliegen mit einer Klappe geschlagen: Nutzung der bisherigen Infrastruktur, Lieferung von enormen Mengen von regenerativer Energie und die Nutzung von ebenso großen Volumina von CO_2, das andernfalls in die Atmosphäre gelangen oder verpresst werden müsste. TES arbeitet eng mit Total Energies, mit Fortescue Future Industries (Australien), E.ON, Zodiac Maritime, Open Grid Europe und Engie zusammen. Das Unternehmen, dem eine französische Technologie zugrunde liegt, wurde von den belgischen Brüdern Marcel und

Paul van Poecke gegründet, wird von dem Italiener Marco Alverà und einem deutschen CTO, Jens Schmidt, geführt. Es betreibt in Wilhelmshaven ein LNG-Terminal, wobei das Erdgas, das jetzt noch benötigt wird, schrittweise mit grünem e-NG ersetzt wird. Es müsste eigentlich eines der Aushängeschilder deutscher und europäischer Energiepolitik sein, da es mit seinem Konzept entscheidend zur Dekarbonisierung der ganzen Welt beitragen kann.[16]

Aber die Unterstützung kommt erstaunlich langsam daher, was wohl daran liegt, dass diese Verfahren zum Grünen der Moleküle mit der ursprünglich verfolgten *all electric*-Ideologie nicht kompatibel sind. Durch meine Arbeit als Unternehmensberater habe ich diese unterschiedlichen, aber jedes auf seine Weise herausragenden, innovativen und global tätigen Unternehmen kennengelernt und mit ihnen zusammengearbeitet. Sie leisten entscheidende Beiträge zur Bekämpfung des Klimawandels, indem sie CO_2 als Rohstoff nutzen.

IV.2. Abschied von *all electric*: Grüne Gase werden zur zentralen Säule der Energiewende

Neben den erneuerbaren Energien und CCUS ist Wasserstoff das dritte zentrale Bauelement einer zukünftigen dekarbonisierten Energie- und Wirtschaftswelt. Diese Einsicht, die von grünen Politikern, Denkfabriken und Aktivistengruppen lange mit dem Konzept *all electric* bekämpft wurde, ist inzwischen weit verbreitet. Trotz bleibender Unterschiede zeichnet sich so etwas wie ein neuer Grundkonsens ab: Nicht mehr nur Elektronen, sondern auch Moleküle sind in großem Umfang für die klimapolitische Transformation erforderlich. Wasserstoff ist nicht länger der »Champagner der Energiewende« für einige wenige Bereiche, sondern wird im übertragenen Sinne mehr und mehr zum Mineralwasser. Auch die in Deutschland (und nur da) zunächst sehr ideologisch geführte Debatte über die »Farbenlehre« des Wasserstoffs, die den Markthochlauf lange Zeit durch die ausschließliche Konzentration auf grünen – also über erneuerbare Energien gewonnenen Wasserstoff – bremste, ist durch die Fortschreibung der nationalen Wasserstoffstrategie der Ampel-Regierung im Sommer 2023 einer pragmatischeren Sichtweise gewichen.

Transformationspfade für die Gaswirtschaft

Im Februar 2022, noch vor dem russischen Angriff auf die Ukraine, saßen wir im Aufsichtsrat des Branchenverbandes Zukunft Gas zusammen, der mich im Jahr zuvor zu seinem Vorsitzenden gewählt hatte. Wir führten eine Grundsatzdebatte über die Zukunft der Gaswirtschaft und kamen einhellig zu der Überzeugung, dass wir das politische Ziel der Klimaneutralität bis 2045 teilen und dass nicht dekarbonisiertes Erdgas bis dahin bedeutungslos wird. Wir beschlossen, einen Veränderungsprozess innerhalb der Gaswirtschaft anzustoßen bzw. zu verstärken, der die politischen Klimaziele mit den Notwendigkeiten der Versorgungssicherheit, der Bezahlbarkeit von Energie und der Wettbewerbsfähigkeit der Unternehmen verheiratet. Es gab in dieser Diskussion niemanden, der die Notwendigkeit der Transformation bestritt oder gar den Versuch unternahm, ein altes – auf Erdgas – beruhendes Geschäftsmodell zu retten. Im Gegenteil waren wir uns einig, dass die Gaswirtschaft führender Gestalter der Transformation sein

IV.2. Abschied von *all electric*

müsse, sich mit ihrer inhaltlichen Kompetenz sogar an die Spitze der Bewegung stellen sollte. In unserem Aufsichtsrat sitzen Vertreter von großen Unternehmen, die Gas produzieren oder mit Gas handeln, Netzbetreiber, die großen Player im Wärmemarkt sowie Vertreter großer und mittlerer Stadtwerke, die Gas zur Versorgung der Haushalte mit Wärme oder zur Stromerzeugung nutzen. Insgesamt werden hier 135 verschiedene Unternehmen entlang der Wertschöpfungskette Gas repräsentiert. Noch einmal: Nicht einer der Anwesenden trat als Bremser auf. Fast jeder hat Kinder und ist schon dadurch aufgeschlossen für die großen Zukunftsthemen, keiner schaut engstirnig nur auf sein Geschäft.

Während dieser Sitzung wurden endgültig die Weichen für die Transformation der Gaswirtschaft gestellt. Der Aufsichtsrat beauftragte den CEO von Zukunft Gas, Timm Kehler, Gespräche mit dem Bundesverband der Energie und Wasserwirtschaft (BDEW), der von der früheren grünen Bundestagsabgeordneten Kerstin Andreae geführt wird, und mit Gerald Linke, dem Vorstandschef des Deutschen Vereins des Gas- und Wasserfaches (DVGW), mit dem Ziel zu führen, ein gemeinsames Transformationskonzept zu formulieren – als Diskussionsangebot für Bundesregierung, Parlament und Öffentlichkeit. Eine gemeinsame Arbeitsgruppe wurde gebildet – und nach zähen Diskussionen einigten sich die drei Verbände im Frühsommer 2023 auf ein 54-seitiges Grundsatzpapier: *Wege zu einem resilienten und klimaneutralen Energiesystem 2045. Transformationspfad für die Neuen Gase.*

Hier ist die Formel beschrieben, wie die fossile Gaswirtschaft in den kommenden zwei Jahrzehnten zu einer primär auf erneuerbaren Energien beruhenden Wasserstoffwirtschaft umgebaut werden kann. Auch andere Formen von Wasserstoff – wie etwa der aus Erdgas in Verbindung mit CCS gewonnene blaue

Wasserstoff — werden den Hochlauf der Wasserstoffwirtschaft ermöglichen. Entscheidend ist zunächst nicht unbedingt, dass der Wasserstoff aus erneuerbaren Energien gewonnen wird (was angestrebt wird), sondern ob er klimaneutral entsteht.

Es geht um sauberen Wasserstoff. Das ist es, was die Energiewende braucht: Sie kann nicht von heute auf morgen alles umstellen, denn das würde die Versorgungssicherheit und Wettbewerbsfähigkeit gefährden und zu nicht hinnehmbaren Kosten führen. Es geht um eine realistische Transformation, die nicht alles auf einmal will, sondern mit konkreten Schritten nach vorn geht. Eine realistische Transformation kann nur mit und nicht gegen die Wirtschaft (und die Gewerkschaften) erreicht werden.

Es wäre wünschenswert, wenn die Bereitschaft der Energie- und Gaswirtschaft zur Transformation von Politik und Zivilgesellschaft ermutigt würde. Zwar kommen aus der Politik durchaus positive Signale. Einige NGOs und Klimaaktivisten dagegen tun sich schwer, solch substanzielle Veränderungen anzuerkennen. Eine massive Kampagne von Aktivisten im Sommer 2023, die Stadtwerke zum Austritt aus Zukunft Gas aufforderte, verfing allerdings nur in wenigen Fällen. In der Regel wissen die Stadtwerke, wie wichtig Erdgas in den nächsten Jahren bleiben wird, und fühlen sich dabei von der Kraftwerkstrategie der Bundesregierung ermutigt. Sie erkennen auch an, wie entschieden die Branche selbst die Transformation vorantreibt.

Wie sieht dieser Transformationspfad im Einzelnen aus? Sauberer, d. h. klimaneutral erzeugter Wasserstoff ist ein Schlüssel für ein integratives und resilientes Energiesystem. Es wird ein Miteinander von strom- und gasbasierten Technologien geben, ein Zusammenspiel von Elektronen und Molekülen. Es kann heute nicht abschließend geklärt werden, wie umfangreich — neben der

IV.2. Abschied von *all electric*

Elektrifizierung – der Einsatz neuer Gase in den einzelnen Bereichen sein wird. Flexibilität und Pragmatismus sollten vor dem Hintergrund neuer technologischer Entwicklungen und der Akzeptanz der Bevölkerung der Maßstab sein. Die Politik ist klug beraten, nicht heute alles festzulegen, sondern mit einer gewissen Offenheit und ohne Scheuklappen zu handeln.

Grüne Gase für die Energiewende unverzichtbar

Die Fortschreibung der nationalen Wasserstoffstrategie unter Robert Habeck und die Arbeiten des Nationalen Wasserstoffrates um Katherina Reiche haben bereits viel ideologischen Ballast über Bord geworfen. Übereinstimmung besteht inzwischen, dass neue, grüne Gase für Klimaneutralität unverzichtbar sind. Unbestrittene Anwendungsfälle für Wasserstoff sind die stoffliche Nutzung in der Industrie, der Einsatz im nicht elektrifizierbaren Energieverbrauch sowie die Absicherung der Strom- und Wärmeversorgung. Im Besonderen die energieintensive Industrie, die Grundstoff- und Schwerindustrie wird auf neue Gase angewiesen sein. Für die Kaltdunkelflauten, also in Zeiten geringer erneuerbarer Stromerzeugung oder zur Absicherung von Lastspitzen werden Kraftwerke und Speicher benötigt, in denen Wasserstoff oder auch Biomethan eingesetzt werden. Die Kraftwerksstrategie der Bundesregierung sieht dementsprechend vor, dass zum Erhalt der Versorgungssicherheit und der industriellen Leistung in Deutschland zusätzlich 12,5 GW bis 2030 gebaut werden müssen, die allerdings wasserstofftauglich (*hydrogen ready*) sein müssen. Die meisten Experten rechnen mit erheblich mehr neuen Gaskraftkapazitäten, vor allem, wenn man den Kohleausstieg auf 2030 vorziehen will.

IV.: Über erneuerbare Energien hinaus

Was sind die Stärken von Wasserstoff, worin liegt die Notwendigkeit eines raschen Markthochlaufes?

- Speicherungs- und Transportfähigkeit von erneuerbarer Energie: Die Hauptschwäche der erneuerbaren Energien liegt darin, dass sie volatil sind, also ihre Leistungen schwanken – je nachdem, ob und wie stark die Sonne scheint oder der Wind weht. Wirtschaft und Gesellschaft, nicht zuletzt die Stromnetze, können aber nur funktionieren, wenn es auch in Dunkelflauten ausreichende und bezahlbare Energie gibt. Mit Wasserstoff kann überschüssiger grüner Strom gespeichert und dann abgerufen werden, wenn er gebraucht wird. Mit sogenannten Power-to-X-Technologien kann der Strom in Methan, Methanol oder Ammoniak, die sogenannten Wasserstoffderivate, umgewandelt werden. Mehr noch: Da in anderen Teilen Europas und der Welt die natürlichen Bedingungen zur Produktion von Sonnen- und Windenergie sehr viel besser sind als in Mitteleuropa – man denke nur an die Dauer und Intensität der Sonneneinstrahlung in den Wüsten –, kann dort der erneuerbare Strom umgewandelt und in Wasserstoffderivaten gespeichert auf Schiffen nach Europa transportiert und hier in der Form genutzt werden, die Wirtschaft und Haushalte benötigen. Nirgendwo zeigt sich die Möglichkeit des Zusammenspiels von erneuerbaren Energien und Wasserstoff deutlicher als hier. Wasserstoff verstärkt die Anwendungs- und Wirkungsmöglichkeiten der erneuerbaren Energien.
- Resilienz: Wir wollen doch nicht die früheren Fehler wiederholen und uns zu sehr von einer Technologie und einem Land abhängig machen! Deshalb ist es gut, neben dem Ausbau der

erneuerbaren Energien und der Batterietechnik, deren Rohstoffbasis stark auf chinesischen Rohstoffen und preisgünstiger chinesischer Massenproduktion beruht, ein zweites Standbein zu bilden. Energie aus erneuerbarem Strom wird immer mehr ins Zentrum rücken und auch im Wärmemarkt und Verkehr eine wachsende Rolle spielen. Aber Energie in Form von Molekülen wird auf Dauer zumindest eine Resilienzalternative bieten. Ein technologieoffener Wettbewerb zwischen verschiedenen Lösungen ist klüger, als *par ordre du mufti* alles auf eine Karte zu setzen. Der Weg zur Klimaneutralität ist nicht vollständig planbar, denn es wird immer wieder Unsicherheiten und unvorhersehbare Entwicklungen geben: technologische Innovation (z. B. Quantensprünge bei Direct Air Capture oder Elektrolyseuren), Schwankungen bei der Akzeptanz bestimmter Maßnahmen in der Bevölkerung (siehe Heizungsgesetz 2023), Finanzierungsprobleme (siehe Urteil des Bundesverfassungsgerichts zum Haushalt 2023), Abhängigkeit von Lieferketten (siehe etwa die Probleme in der Coronapandemie oder die Handelskonflikte USA-China). Es geht um einen diversifizierten, resilienten Transformationspfad.

Vor allem für die energieintensiven Industrien liegt Wasserstoff als Hauptenergieträger nahe. Chemie, Zement, Stahl, Aluminium, Kupfer, Keramik, Papier, Glas – sie alle haben ihre Versorgung stark auf Erdgas ausgerichtet. Für fast alle liegt die Umstellung auf Wasserstoff nahe, denn die bestehende Gasinfrastruktur kann relativ leicht auf Wasserstoff umgerüstet werden. Ähnliches gilt auch für die Düngemittel- und Lebensmittelindustrie. Die Bereitstellung von Wärme und Dampf, die heute durch Erdgas hergestellt werden, kann zukünftig mit den dekarbonisierten neuen Gasen (Wasserstoff, Biomethan) erfolgen. Ammoniak- oder Stickstoffproduzenten wie BASF oder SKW Piesteritz, Molkereien, Mühlen, Bäckereien oder die Fleischverarbeitung werden davon profitieren.

Auch im Verkehrssektor werden gasförmige Energieträger eine wichtige Rolle spielen. Im Straßengüterverkehr, in der Landwirtschaft oder bei den Bussen im ÖPNV bieten Wasserstoff und Bio-LNG (verflüssigtes Biomethan) eine naheliegende Option zum Erreichen der Klimaneutralität. Dort, wo hohe Nutzlasten und/oder hohe Reichweiten für die Wirtschaftlichkeit erforderlich sind – also im Segment der schweren Nutzfahrzeuge –, bieten die Brennstoffzellen- oder Bio-LNG-Fahrzeuge die bessere Alternative, nicht zuletzt aber auch erneuerbare synthetische Kraftstoffe (E-Fuels), die im nächsten Kapitel näher behandelt werden.

Wasserstoff auch im Wärmemarkt

Im Wärmesektor wäre es ebenso falsch, ausschließlich auf elektrische Wärmepumpen zu setzen. Ihnen gehört die Zukunft, aber auch hier wird sich die Frage nach der Lieferbarkeit der notwendigen Rohstoffe zu erträglichen Preisen immer stärker stellen, ebenso die Frage der Wettbewerbsfähigkeit inländischer Wärmepumpen gegenüber der Konkurrenz aus China, Korea oder den USA. 2022 war Erdgas im Häuser- und Wohnungsbestand mit etwa 50 Prozent der mit Abstand am häufigsten genutzte Energieträger. Hinzu kommt die Beheizung mit gasbasierter Fernwärme. Ein wesentlicher Teil der Infrastrukturen und Anwendungstechnologien in der Wärmeversorgung ist also auf gas-

IV.2. Abschied von *all electric*

förmige Energieträger ausgerichtet. Es ist volkswirtschaftlich und klimapolitisch sinnvoll, hier nicht einseitig auf Elektrifizierung zu setzen, sondern das bestehende Erdgas nach und nach durch dekarbonisierte neue Gase zu ersetzen. Ein wichtiger Baustein für eine resiliente Wärmewende können auch Hybridheizungen sein, die sich wachsender Beliebtheit beim Verbraucher erfreuen. Vielleicht sollten wir auch hier aus den quälenden Debatten um das Heizungsgesetz 2023 lernen und nicht alles vorschreiben, sondern der Heizungsindustrie und den Verbrauchern mit Anreizen statt mit Verboten den Weg zur Klimaneutralität schmackhaft machen. Es muss endgültig Schluss sein damit, Elektrifizierung und Lösungen mit dekarbonisiertem Gas gegeneinander auszuspielen. Der Verdacht im Lager der *all electric*-Fraktion, dass mit der Forderung nach verstärktem Einsatz von Wasserstoff nur alte fossile Geschäftsmodelle verlängert und der Ausbau von Erneuerbaren und Elektrifizierung ausgebremst werden soll, ist nicht gerechtfertigt. Die Klimaziele der Bundesregierung werden in der Wirtschaft nirgendwo mehr infrage gestellt.

Allerdings wehren sich Unternehmen und Verbände zu Recht dagegen, dass die Politik versucht, durch Verbote technischer Anwendungen einen von ihr festgelegten Weg vorzugeben. Unternehmen und Verbraucher wollen und brauchen – im Rahmen der politischen Zielbestimmung – Freiräume und nicht Detailreglementierung vom grünen Tisch.

Nutzung der bisherigen Gasinfrastruktur

Die bestehende Gasinfrastruktur in Deutschland ist einmalig in der Welt: Dazu gehören 600 000 Kilometer Gasfern- und Verteilnetze, seit 2023 fünf LNG-Terminals, deren Bau aufgrund

IV.: Über erneuerbare Energien hinaus

des Ausfalls der russischen Gaslieferungen erheblich beschleunigt wurde. In den letzten Jahren haben die Fernleitungsnetzbetreiber (FNB Gas) und die Verteilnetzbetreiber (VNB Gas) fast 1000 Terrawattstunden (TWh) Gas per anno ausgespeist. Zu den Endkunden zählen Schulen, Krankenhäuser, Rathäuser, private Haushalte, Bäckereien, Flughäfen, mittelständische Gewerbekunden, aber auch große Industriekunden und Kraftwerke. Hinzu kommen – ebenfalls einmalig – 47 unterirdische Gasspeicher mit einem Volumen von 25 Milliarden Kubikmetern, was 230 Terrawattsunden Leistung bedeutet und damit etwas mehr als ein Viertel des jährlichen Gasverbrauchs darstellt. Das sind enorme Energiemengen, die selbst bei schnellstmöglichem Ausbau der erneuerbaren Energien nicht annähernd durch Elektrifizierung ersetzt werden könnten. Ein großer Teil dieser Infrastruktur, nämlich LNG-Terminals, Pipelines und Speicher sind schon heute *hydrogen ready* bzw. können es durch technische Maßnahmen zu überschaubaren Kosten gemacht werden.

In der Bundesregierung hatte es noch im Mai 2022 Pläne gegeben, das Erdgasverteilnetz abzureißen. Die Stadtwerke wurden aufgefordert, sich auf Rückbau und Abschreibungen einzustellen. Ab 2045 sei kein Erdgas mehr in den Netzen, die Anwendung von Wasserstoff würde auf wenige Bereiche reduziert, und ein eigenes, vom Staat betriebenes Wasserstoffnetz müsse aufgebaut werden.[17] Diese Pläne waren auf entschiedenen Widerstand der Stadtwerke gestoßen. Inzwischen besteht ein weitgehender Konsens, die Gasinfrastruktur grundsätzlich zu erhalten und wasserstofftauglich zu gestalten. Die strombasierte Energieversorgung wird an Bedeutung gewinnen, aber die Versorgung von Industrie, Gewerbe, öffentlichen Einrichtungen und Haushalten durch

IV.2. Abschied von *all electric*

Wasserstoff ist möglich – und wird voraussichtlich eine weit größere Rolle spielen, als dies in den ursprünglichen Plänen der Regierung vorgesehen war. Auch hier hat ein Prozess der Pragmatisierung und der Zusammenarbeit begonnen.

Enorme Herausforderungen für den Wasserstoffhochlauf

Sosehr die Stärken von Wasserstoff offenkundig sind, so groß sind die Herausforderungen bei der Umsetzung. Wo liegen die Probleme für Politik und Wirtschaft? Zunächst muss man sich darüber im Klaren sein, welche gewaltigen Mengen Wasserstoff benötigt werden, um den molekularen Teil der Energiewende stemmen zu können. Von heute etwa 55 Terrawattstunden (grauer Wasserstoff durch Dampfreformation ohne CO_2-Abscheidung) soll sich der Bedarf bis 2030 verdoppeln. Für 2050 sehen die unterschiedlichen Prognosen einen Bedarf von 400 bis 800 TWh. Das ist neben der angestrebten Elektrifizierung weiter Bereiche in Industrie, Verkehr und Gebäuden eine weitere Mammutaufgabe. Diese Zahlen und die folgende Liste mit Fragen sollen nicht abschrecken, aber die enorme Herausforderung und Komplexität des Umbaus von Erdgas auf grünen Wasserstoff zeigen:

- Werden genug Rohstoffe für die schier unglaublichen Mengen an Wind- und Solarenergie, die man für die globale Dekarbonisierung benötigt, zur Verfügung stehen?
- Wer baut Megaprojekte in der Größe des Mohammad bin Rashid al Maktoum-Solarparks, der mit fast 1000 Megawatt Leistung vor Kurzem in der Nähe von Dubai ans Netz ging? Wir benötigen viele davon, wenn wir unsere Volkswirt-

schaften in Europa mit ausreichend grüner Energie – mit Wasserstoff, synthetischem Methan oder synthetischen Kraftstoffen versorgen wollen.

- Wer finanziert diese Projekte?
- Woher kommen die Ingenieure und Facharbeiter?
- Woher kommen genügend Elektrolyseure, die Wasser in Wasser- und Sauerstoff umwandeln?
- Wann und zu welchen Kosten sind diese verfügbar?
- Woher kommt das Wasser, das zur Umwandlung benötigt wird?
- Wenn man das Meerwasser mit hohem technischem Aufwand entsalzt – wie viel kostet das?
- Wenn man den Wasserstoff dann gewonnen hat, wie wird er transportiert? Haben wir annähernd genug Spezialschiffe, um für die enormen Mengen diese Aufgaben zu bewältigen? Welche Erweiterungen der Häfen sind erforderlich?
- Damit ein Transport ökonomisch Sinn macht, muss man Wasserstoff zu synthetischen Kraftstoffen, zu Ammoniak oder synthetischem Methan (sogenannte Wasserstoffderivate) verwandeln. Was genau ist die beste, kostengünstigste und sicherste Form des Transports?
- Wer baut die Transportschiffe, mit welchem Geld und in welcher Zeit?
- Wenn diese gebaut und der Wasserstoff vorhanden ist, wer nimmt die Produkte ab?
- Wird jemand »up-stream« investieren, wenn nicht klar ist, wer genau die »down stream«-Abnehmer sind?
- Reichen die finanziellen Kräfte des Staates und der internationalen Finanzinstitutionen aus, um solche Megaprojekte abzusichern bzw. vorzufinanzieren?

IV.2. Abschied von *all electric*

- Wenn ein Abnehmer in Europa Interesse an der Abnahme von Wasserstoff in welcher Form auch immer hat – gibt es Terminals bzw. »Cracker«, um die importierten Derivate wieder in Wasserstoff zu verwandeln?
- Und wenn dies gelungen ist, wie gelangen diese Gase dann zu den industriellen und privaten Abnehmern?
- Wer finanziert die neuen Pipelines, die Wasserstoffspeicher und die technische Modernisierung in Richtung *hydrogen ready*?

Viele andere, scheinbar kleine Probleme und Regulierungsthemen kommen dazu: Um Wasserstoff international handelbar zu machen, bedarf es einer internationalen Festlegung auf Standards, die komplexe Zertifizierungen und Kontrollen erfordern. Ein Regelwerk für Export und Import muss aufgebaut werden, Hemmnisse im Handel beseitigt, Wasserstoffhandelsplätze eingerichtet werden usw.

Die Transformation ist gewaltig. Sie kann nicht von heute auf morgen gemeistert werden, wie viele Aktivisten sich das gerne erträumen. Es bedarf, wenn man den klimagerechten Umbau unseres Energiesystems schaffen will, einer konstruktiven Zusammenarbeit aller Beteiligten. Ohne den Sachverstand in den Unternehmen, Verbänden und den wissenschaftlichen Einrichtungen, ohne kluge Erfinder und Ingenieure wird die Energiewende gegen die Wand fahren – und damit auch unsere Volkswirtschaften. Und: Es gilt an konkreten Projekten konkret zu arbeiten. Nicht das vollmundige Beschwören von Zielen ist das Gebot der Stunde, sondern das Handeln, das die oben genannten Fragen angeht. Das geht sicher nicht planwirtschaftlich mit immer neuen Instrumenten, Verordnungen, Geboten, Berichtspflichten usw., sondern nur dann, wenn Politik, Wissenschaft, Verbände, Unternehmen, Gewerkschaften und Verbraucher frei sind und ihre Kräfte und Talente entfalten können.

Den Wasserstoffhype beenden – konkrete Projekte beginnen

Bei dem von mir moderierten 153. Energiegespräch am Reichstag im Dezember 2022 forderte der CEO von Open Grid Europe (OGE) Jörg Bergmann den damaligen Klimastaatssekretär Patrick Graichen, den vielleicht wirksamsten Architekten der grünen Energiepolitik auf, dem Wasserstoffhype endlich konkrete Taten folgen zu lassen. So wichtig es sei, unterschiedliche Positionen zu debattieren und Visionen zu formulieren, 2023 müsse das Jahr des Wasserstoffs werden, erforderlich sei nun eine pragmatische Strategie und Gesetzgebung, ein Wasserstoffkernnetz, grünes Licht für die Verwendung der bisherigen Gasinfrastruktur und viele konkrete Projekte vor Ort. Bergmann: »Wenn wir es 2023 nicht schaffen, die Weichen richtig zu stellen und endlich mit der Arbeit zu beginnen, wird es nie etwas!«

Man kann durchaus sagen, dass sein Appell, der der gesamten Energiewirtschaft aus dem Herzen sprach, Gehör fand. 2023 und 2024 könnten – bei allen beschriebenen Herausforderungen – in die Geschichte der Energiepolitik als die entscheidenden Jahre für die Wasserstoffwende eingehen: nicht mehr ideologische Ablehnung, Unterschätzung und Einengung, nicht mehr endloses Palaver über die »Farbenlehre«, sondern endlich der Beginn konkreten Handelns. Eine auf der COP 28 in Dubai im Dezember 2023 vor viel Prominenz vorgestellte Studie der Strategieberatung Roland Berger kommt in diesem Sinne zu dem Ergebnis, dass der Wasserstoffzug

IV.2. Abschied von *all electric*

Fahrt aufnimmt und man sich nach einem gemäßigten Wachstum bis 2029 auf einen Boom im folgenden Jahrzehnt freuen könne.[18]

Die größten Ermutigungen kommen allerdings nicht aus Studien und der Festlegung von wünschbaren Zielgrößen (so wichtig beides ist), sondern von konkreten Projekten. So lief z. B. im September 2022 das erste Wasserstoffschiff mit Ammoniak aus den Vereinigten Arabischen Emiraten im Hamburger Hafen ein. Bestellt hatte es Roland Harings, CEO von Aurubis, einem der größten Kupferveredler der Welt.

Zwei andere Beispiele, die Mut machen: Siemens Energy hat gemeinsam mit Air Liquide im November 2023 in Berlin eine Fertigung für Elektrolyseure eröffnet. Bis 2025 will man von dort mindestens drei Gigawatt Kapazität an den Markt bringen. Eindrucksvoll ist auch der Weg des Elektrolyseurherstellers Sunfire: Als 24-Jähriger startete Nils Aldag 2011 sein Unternehmen. Damals glaubten nur wenige an die Zukunft von Wasserstoff. Dreizehn Jahre später beschäftigt er 650 Mitarbeiter, sein Unternehmen wird auf einen Wert von mehr als einer Milliarde taxiert. Im Mai 2024 erhält er den German Startup Award als »Gründer des Jahres.« Mehr geht kaum. Und er will sein immer noch junges Unternehmen nicht verkaufen, sondern selbst »zum Industriekonzern werden«. Hier könnte wirklich der Kern eines Wirtschaftswunders reifen.

Jenseits der Elektrolyseurproduktion gibt es viele andere Chancen für Deutschland und Europa. Wasserstoff muss zwar in großen Mengen importiert werden, aber auch bei uns können wir Wasserstoff herstellen. Dafür eignen sich die Regionen, in denen Sonnen- und Windenergie reich vorhanden sind, natürlich besonders, wie zum Beispiel Andalusien oder auch Finnland, wo das Unternehmen P2X (mit einem Elektrolyseur von Sunfire) bereits große Fortschritte gemacht hat und schon konkret Abnehmer in verschiedenen Staaten gewonnen hat.

Eindrucksvoll die Geschichte von Alexander Voigt. Er ist Physiker, Grüner der ersten Stunde, gehörte der Anti-AKW-Bewegung an und war Chef verschiedener Unternehmen im Bereich erneuerbarer Energien (z. B. Solon, Younicos). 2021 gründete er HH2E, dass in Deutschland grünen Wasserstoff für die industrielle Nutzung produzieren will. Gemeinsam mit der Foresight Group und Gascade entwickelt man zum Beispiel eine Produktion von 100 MW grünem Wasserstoff in Lubmin in Mecklenburg-Vorpommern und will das auf 1 GW hochfahren.[19] Ab 2025 wird in Lubmin hergestellter Wasserstoff über Gascade in das Europäische Gasnetz (EUGAL 1 und 2) eingespeist.

Ein weiteres Beispiel: Die Unternehmen Uniper, ONTRAS, VNG und Total Energies – unterstützt vom BMWK – versammelten sich im Juni 2023 in Sachsen-Anhalt, um den ersten Spatenstich für den Energiepark Bad Lauchstädt zu setzen. Dort entsteht ein Reallabor für die Produktion, den Transport und die industrielle Nutzung von grünem Wasserstoff. Ein Windpark erzeugt erneuerbare Energie, durch eine große Elektrolyseanlage (30 Megawatt) in grünen Wasserstoff verwandelt, über eine auf Wasserstoff umgewidmete Gaspipeline in das benachbarte Leuna transportiert, wo es in einer Raffinerie für die Chemieproduktion nutzbar gemacht wird. Eine 180 Meter hohe Salzkaverne kann ab 2026 ferner als Wasserstoffspeicher genutzt werden. Hier wird also ganz konkret die gesamte Wertschöpfungskette Wasserstoff abgebildet.[20] In den Jahren bis zur Jahrzehntwende werden Tausende solcher Projekte in Deutschland und Europa entstehen.

In seiner im Herbst 2023 erschienenen Streitschrift *The Hydrogen Strategy* beschreibt Jorgo Chatzimarkakis, Chef des

Interessenverbandes Hydrogen Europe und einer der wesentlichen Treiber der Wasserstoffpolitik in Berlin, Europa und inzwischen darüber hinaus, die ungeheuren Chancen, die Wasserstoff für die Menschheit beinhaltet. Mit ihm würde es möglich, das Anthropozän zu überwinden und eine klimaneutrale und nachhaltige Kreislaufwirtschaft zu etablieren. Besonders geißelt er die lange bestehende Konkurrenz zwischen Erneuerbaren und Wasserstoff. Nur mit beiden gemeinsam könnte die Klimakatastrophe abgewendet werden: *hydrogen* und *renewables* müssten eng zusammengedacht werden: *hydrogenewables*.

Biomethan: Das Grünen der Moleküle

Dazu gehört auch Biomethan, der grüne Alleskönner im Gassystem. Gewonnen wird es aus nachhaltig angebauten Energiepflanzen, Gülle, Mist, kommunalen und industriellen organischen Reststoffen, Speiseresten aus Gaststätten und Großküchen sowie den Inhalten der Biotonne. Vergoren wird dieser Rohstoff heute bereits – unter Ausschluss von Licht und Sauerstoff – in etwa 9000 Biogasanlagen, die vorwiegend von Landwirten betrieben werden. Das Biogas wird dann entweder dezentral zur Strom- oder Wärmeerzeugung genutzt oder in ca. 200 schon heute verfügbaren Anlagen als Biomethan aufbereitet in das bestehende Gasnetz eingespeist. Dieses kann dem Erdgas 1:1 beigemischt werden, weshalb es relativ leicht ist, das Erdgas nach und nach zu grünen. Wir hätten in Deutschland ein weit höheres Potenzial für Biomethan, wenn es nicht immer wieder ideologische Bedenken gäbe: Da ist das alte Argument, dass mit der Gewinnung von Biogas landwirtschaftliche Fläche für die Nahrungsproduktion zerstört werde. Diese Teller-Tank-Debatte wird heute zum Glück nur noch selten ins Feld geführt. Längst geht es um eine neue Generation von Biomasse, nämlich die Verwertung von organischen Abfällen, die anders nicht nutzbar sind. Immer wird dagegen aus der Ecke der Klimaaktivisten eingewandt, dass die Beimischung von Biomethan die Erdgasnutzung in Deutschland verlängere. Das sei in Wahrheit Greenwashing, ein wenig Kosmetik, damit die Fossilen weiterleben. Gas ist nach dieser Lesart auch dann verwerflich, wenn die Moleküle immer grüner werden. Im Bundestag gibt es inzwischen eine Initiative – angestoßen durch Andreas Rimkus, Bengt Bergt (beide SPD), Oliver Grundmann und Mark Helfrich (beide CDU) –, eine Grüngasquote einzuführen, d. h. gesetzlich eine wachsende Quote für das Grünen der Moleküle vorzuschreiben.

Gegenüber Solar- und Windenergie hat Biomethan den Vorteil, dass es in der bisherigen Gasinfrastruktur transportiert und gespeichert werden kann. Bemerkenswert ist dabei, dass schon heute 20 Prozent des getankten Erdgases erneuerbar ist. An jeder dritten der mehr als 900 Erdgastanksäulen wird heute Biomethan beigemischt, mehr als 120 Tankstellen verkaufen heute bereits reines Biomethan als Autokraftstoff. Das Potenzial ist weitaus größer. Das gilt übrigens auch etwa im Wärmemarkt. Statt nur auf die elektrische Wärmepumpe zu setzen, Moleküle also durch Elektronen zu ersetzen, könnte man den gleichen Klimaeffekt erzielen, wenn man – etwa in der städtischen Wärmeversorgung – stärker Biogas nutzen würde. Im Zuge der Biogasproduktion kann mit dem Bioenergy and Carbon Capture (BECCS) CO_2 aktiv der Atmosphäre entzogen werden und somit für Negativemissionen sorgen.

Das Potenzial ist enorm: 2022 hat Deutschland 850 TWh Erdgas verbraucht (2021 waren es 1029 TWh). Für Biomethan

IV.2. Abschied von *all electric*

bei uns liegt es je nach Studie bei 90–102 TWh bis 2030, bei 331 TWh im Jahr 2050. Und es geht voran: Mitte März 2024 wurde zum Beispiel westlich von Flensburg die größte von nunmehr sieben Biomethananlagen in Schleswig-Holstein von der Familie Jessen und der Osterby Unternehmensgruppe eingeweiht: 90 660 Tonnen Rindergülle, Geflügel- und Pferdemist, Stroh und Silage aus Energiepflanzen (u. a.) werden allein hier verarbeitet und für die Energiewende nutzbar gemacht. Das sind doch wunderbare regionale Initiativen von Familienunternehmen, wie sie gerade die grünen Klimafreunde eigentlich lieben müssten. Wenn wir nicht ideologisch, sondern praktisch an das Thema Dekarbonisierung gehen, dann müssen wir nicht alles elektrifizieren, sondern können erhebliche Teile unseres Energiebedarfs durch klimaneutrales Biomethan ersetzen.

Und das sind nur die Zahlen für die deutsche Eigenproduktion. Anfang 2024 veröffentlichten Zukunft Gas und das Zentrum Liberale Moderne, das von den früheren Grünen-Politikern Marieluise Beck und Ralf Fücks geleitet wird, eine Studie zum »Aufbau der deutsch-ukrainischen Biomethan-Kooperation«. Sie kommt zu dem Ergebnis, dass das Gesamtpotenzial von Biomethan allein in der Ukraine bei 220 TWh liegt.

Für die Ukraine könnte der Biomethanexport ein zukunftsträchtiges Geschäftsfeld werden. Auch sie verfügt über ein großes Gasnetz, auch über die bekannten großen Transitpipelines, durch die übrigens bis heute russisches Gas nach Europa kommt. Es wäre ohne große Probleme denkbar, das in der Ukraine produzierte Biomethan in diese Infrastruktur einzuspeisen. So könnte der Ukraine beim Wiederaufbau geholfen werden, gleichzeitig würden sich die EU und Deutschland eine wichtige klimaneutrale Energiequelle sichern.

IV.3. Synthetische Kraftstoffe: Säule klimaneutraler Mobilität

Die Debatte um die Mobilität der Zukunft wird durch die Kontroverse der Befürworter von batteriebasierter Elektromobilität und denen von synthetischen Kraftstoffen (E-Fuels) geprägt. Dabei hat die Debatte über das Ende der Herstellung und des Erwerbs von Verbrennern durch die EU in den letzten drei Jahren hohe Wellen geschlagen. Ich habe früh die Auffassung vertreten, dass wir zur Erreichung von Klimaneutralität mehrere Optionen brauchen: Elektromobilität, aber auch klimaneutral hergestellte synthetische Kraftstoffe, LNG, vor allem Bio-LNG, Brennstoffzelle, Wasserstoff oder Biosprit. Es ist eben nicht Aufgabe von Politikern und Beamten, darüber zu befinden, welche Technologie sich am Markt durchsetzen wird. Natürlich kann, ja muss der Staat vielversprechende Klimatechnologien ermutigen und fördern, aber er sollte mit Verboten sehr behutsam umgehen. Das von der EU beschlossene faktische Aus für den Verbrennermotor in Europa ab 2035 ist nach meiner Überzeugung nicht nur eine Katastrophe für die Wettbewerbsfähigkeit der deutschen und europäischen Automobilindustrie (denn in China oder den USA denkt man nicht im Traum an so etwas), sondern vor allem für die globale Klimapolitik. Sie bedarf der Korrektur durch eine realistischere Klimapolitik durch die neue EU-Kommission und das neugewählte Europaparlament. Neben der (batteriebasierten) Elektromobilität müssen die genannten anderen Optionen für den Kraftfahrzeugverkehr offengehalten und weiterentwickelt werden. Fast alle haben ihre Vor- und Nachteile. Hinsichtlich der E-Fuels gibt es ohne Zweifel berechtigte Fragen, die bisher ungeklärt sind. Wird es bis 2035 technisch

IV.3. Synthetische Kraftstoffe: Säule klimaneutraler Mobilität

möglich sein, E-Fuels in ausreichender Menge für den Pkw-Verkehr herzustellen? Wie schnell können E-Fuels ein Business Case werden? Darüber wird in einer Marktwirtschaft von Ingenieuren, Unternehmern und Verbrauchern entschieden, nicht am grünen Tisch in Ministerien oder Generaldirektionen. Im Grunde haben wir hier wieder die Situation: Die Klimagruppen und die Grünen propagieren den harten Schnitt, der teuer ist und bestehende Infrastrukturen von heute auf morgen wertlos macht. Die Alternativen werden von vornherein ausgeschlossen. Auch hier gilt: Zur Dekarbonisierung brauchen wir Elektronen, aber auch mehr grüne Moleküle.

Mancher wird einwenden, dass das alles Debatten von gestern sind. Warum ist es überhaupt noch notwendig, über Alternativen zur Elektromobilität nachzudenken? Sind nicht alle Weichen längst in diese Richtung gestellt? Sind nicht die neuen Fahrzeugmodelle mit ihren immer effizienteren Batterien und größeren Reichweiten die richtige Antwort auf die Erderwärmung? Nullemissionen? Keine Abhängigkeit mehr von ausländischen Öllieferungen? Sind wir nicht im Gegenteil viel zu zögerlich dem Pfad der batteriebasierten Mobilität gefolgt und haben den Chinesen zu lange das Feld überlassen? Und sind nicht die vorgetragenen Bedenken nur Versuche einer fossilen Lobby, ihre Geschäftsmodelle fortzusetzen? Genau mit solchen Argumenten ist ja lange auch versucht worden, gegen Wasserstofflösungen zu argumentieren. In der Diskussion wird sich die Einsicht Bahn brechen, dass Elektromobilität wachsen wird, aber nicht alles kann.

Die Debatte über die Vor- und Nachteile der beiden verschiedenen klimafreundlichen Antriebsformen (Elektromobilität und Elektrokraftstoffe) wird oft sehr unsachlich und wenig faktenbasiert betrieben. Dabei sind E-Fuels nichts anderes als flüssiger erneuerbarer Strom. Sie können in den Sonnen- und Windregionen der Welt kostengünstig produziert werden, verfügen über eine große Energiedichte und sind deshalb leicht speicher- und gut über weite Strecken transportierbar. Sowohl die Elektromobilität als auch E-Fuels gründen also in erneuerbarer Energie – die eine über eine Batterie, die andere über einen Treibstoff. Deshalb gibt es für emotionale Aufwallungen und ideologische Debatten eigentlich gar keinen Grund. Es kommt allein auf die pragmatisch zu entscheidende beste Lösung an, wobei die Kosten und die Akzeptanz der Verbraucher eine entscheidende Rolle spielen sollten.

Elektromobilität – unverzichtbar, aber kein Königsweg

Sicher ist: Für Großstädte und Ballungsräume ist die (Batterie-) Elektromobilität eine kluge Lösung, weil Elektroautos nicht nur kein CO_2 ausstoßen, sondern auch sonst keine Belastungen für die Luftqualität darstellen. Je größer die Reichweiten, je dichter die Ladeinfrastruktur, je kürzer die Ladezeiten – desto mehr kann die Elektromobilität zukunftsweisend sein.

Dabei wird es weitere technische Effizienzgewinne, auch echte Innovationen geben, wie etwa die, die das chinesische Unternehmen Nio anbietet. Nio will nicht über Ladestationen, sondern mit Batteriewechselstationen die Elektromobilität auch für den Fernverkehr attraktiver machen. Man muss auf der Autobahnfahrt nicht über längere Zeiträume die eigene Batterie laden, sondern fährt Batterietauschstationen an, wo man in wenigen Minuten einen Wechsel durchführt. Ich habe bereits 1992 in meinem Buch *Ein Planet wird gerettet* auf eine solche Möglichkeit hingewiesen. Ein Jahr zuvor hatte ich mich im Deutschen Bundestag dafür eingesetzt, auf Hochleistungsbatterien *und* den Gebrauch nachwachsender Rohstoffe für die Mobilität der Zukunft zu setzen.[21]

Seitdem beobachte ich die durchaus eindrucksvollen Fortschritte bei der Elektromobilität mit Freude. Wer den Smog in Megastädten wie Delhi, Tokyo oder Mexiko erlebt hat, weiß genau, dass es hier zu Batterieautomobilen kaum eine Alternative gibt.

Dennoch ist die Batterie-Elektromobilität mitnichten eine *silver bullet* für den Straßenverkehr. Dafür gibt es eine Reihe von Gründen:

Dass Elektroautos klimaneutral sind, was immer noch viele Autokäufer glauben, ist ein Mythos, der darauf beruht, dass die politische Regulierung sich darauf eingelassen hat, die CO_2-Belastung ausschließlich nach dem Ausstoß am Auspuff zu bemessen. Der Strommix, mit dem Batterien geladen werden, spielt dabei keine Rolle. Das ist natürlich absurd. Selbst wenn der Strom für die Batterien ausschließlich aus Kohlekraftwerken gewonnen würde, würden EU und Bundesregierung E-Autos aufgrund dieser Definition als klimaneutral ansehen. Es ist dringend erforderlich, diese »Auspuff-Allein-Bilanz«, wie ich sie nenne, diese Irreführung der Verbraucher zu beenden. Der jeweilige Strommix gehört einbezogen. Bei dem Anteil von Kohle am Gesamtstromaufkommen der Stromerzeugung in Deutschland war es 2023 klimafreundlicher, mit einem modernen Diesel als mit dem Elektroauto zu fahren. Dies galt zumal im Winter, als der Anteil der Erneuerbaren am Strommix besonders schwach war.

Der beim Bau der Automobile verwendete Stahl ist alles andere als CO_2-neutral. Die Automobilindustrie ist ein Leitmarkt für mit Wasserstoff hergestellten »grünen Stahl«. Mit der entsprechenden Rahmensetzung und Förderung dieser Technologie tragen wir mehr zur Klimaneutralität der Mobilität bei als mit der einseitigen Ausrichtung auf batteriebetriebene Fahrzeuge.

Auch die Produktion der Batterien, die vor allem in Asien erfolgt, ist ebenfalls alles andere als klimaneutral, wird selten thematisiert und spielt für das Gütesiegel »klimaneutral« der Regulatoren bisher keine Rolle. Ebenso wenig übrigens wie die oftmals umweltschädliche und menschenunwürdige Art, mit der die Rohstoffe für die Batterien gefördert werden.

Die Batterien müssen schließlich über weite Strecken transportiert werden, und da der Schiffsverkehr nicht elektrifizierbar ist, tritt auch hier eine weitere CO_2-Belastung auf. Auch das wird nicht erfasst.

Lebenszyklusbilanz statt Auspuff-Regulatorik

Es ist vor diesem Hintergrund dringend erforderlich, die heutige Auspuff-Regulatorik durch eine Lebenszyklusbilanz zu ersetzen, um ein objektives Bild über den Kohlendioxidfußabdruck der Batterieautos zu erhalten und sie mit anderen Antriebsformen fair vergleichen zu können. Das Expertengremium »Antriebe« des Verbandes Deutscher Ingenieure (VDI) hat vor diesem Hintergrund in Zusammenarbeit mit dem Karlsruhe Institute of Technology (KIT) im Dezember 2023 eine solche Lebenszyklusanalyse beider Antriebsformen vorgenommen. Sie kommt zu dem Ergebnis, dass batteriebasierte Elektroautos beim gegenwärtigen Strommix erst ab einer Laufleistung von über 90 000 km klimafreundlicher sind als Verbrenner. Joachim Damasky, Vorsitzender der VDI-Gesellschaft Fahrzeug- und Verkehrstechnik, erklärte bei der Vorstellung der Studie: »E-Autos und Hybridfahrzeuge starten durch die ressourcenintensive Herstellung der Antriebstechnologie bei ihrer Ökobilanz mit einem ökologischen Rucksack, da die Batterieproduktion heutzutage fast ausschließlich in Asien stattfindet.« Zwar würden in der Langzeitbetrachtung die E-Autos und Hybridfahrzeuge besser abschneiden, aber um die Klimaziele zu erfüllen, reiche das nicht. Selbst wenn es gelingen sollte, bis 2030 wie geplant 15 Millionen E-Autos in Deutschland auf der Straße zu haben (Anmerkung: im Januar 2024 waren fast 61 Millionen Kfz zugelassen), sei damit ja noch lange nicht das Ziel erreicht. Die Reduktion gelänge nur mit synthetischen Kraftstoffen.[22] Die *Frankfurter Rundschau* zitierte Damasky mit dem Satz: »Erst die grün produzierte Batterie und ihre Vormaterialien reduzieren deren ökologischen Fußabdruck und machen E-Mobilität wirklich klimafreundlich.«[23]

Erst wenn die gesamte Stromerzeugung auf erneuerbaren Energien beruht und die Batterien in großen Mengen sauber in Europa produziert werden (was beides nicht absehbar ist), kann man wirklich von klimaneutraler Mobilität sprechen. Aber selbst dann sind wir sofort bei weiteren Problemen.

Denn die für die Elektromobilität benötigten Rohstoffe sind oft rar und meistens nur in wenigen Ländern der Erde konzentriert. Begeben wir uns nicht in neue geopolitische Abhängigkeiten, wenn wir uns nur auf eine Antriebsform für die Zukunft einlassen? Wenn wir aus Fehlern von zu großen Abhängigkeiten in der Energiepolitik lernen wollen und die zukünftige Mobilität krisenfest sein soll, ist es klug, sich nach klimafreundlichen Alternativen – nicht als Ersatz, sondern als Ergänzung – umzuschauen.

IV.: Über erneuerbare Energien hinaus

Es ist in einem hochindustrialisierten und dicht bevölkerten Land wie Deutschland unmöglich, den für einen Ausbau der Elektromobilität notwendigen Strom mit erneuerbaren Energien zu generieren, wenn gleichzeitig auch die Wärmeversorgung (Wärmepumpe) und die industrielle Produktion elektrifiziert werden sollen. Hinzu kommt der enorm wachsende Strombedarf im Bereich Digitales und künstlicher Intelligenz. Selbst bei der Erfüllung der ehrgeizigsten Ausbaupläne der Erneuerbaren wird es unmöglich sein, in absehbarer Zeit diese riesige Energiemenge nur aus Erneuerbaren zu produzieren.[24]

Es wird auch schwer sein, den erneuerbaren Strom überall dorthin zu transportieren, wo er benötigt wird: Das erfordert einen weiteren Ausbau der Übertragungs- und Verteilnetze, deren Tempo zwar zunimmt, aber doch weit davon entfernt ist, die schönen Ziele eines *all electric*-Straßenverkehrs bedienen zu können.[25]

Vor allem aber zeigt ein Blick über den deutschen und europäischen Tellerrand, dass Batterieelektromobilität im globalen Maßstab nicht ausreicht. Elektromobilität kommt schon in Europa – mit wenigen Ausnahmen wie Norwegen – langsam voran, aber ist es schwer vorstellbar, dass in Asien, Afrika oder Lateinamerika, in Kanada, Russland oder Australien bis zum Ende des Jahrtausends eine Elektroladeinfrastruktur entsteht – in Ländern, die in weiten Teilen noch überhaupt keinen Netzanschluss haben? Wir merken doch in der EU, wie schwer es ist, ein wirklich dichtgeknüpftes Netz von Ladestationen – Grundvoraussetzung, um das Vertrauen der Nutzer zu gewinnen – aufzubauen. In Bulgarien etwa gibt es heute weniger Ladestationen als im Großraum Hannover. Aber wir sollten uns nicht brüsten. Auch Deutschland hängt bei den Ladestationen weit zurück. In 75 Prozent aller Gemeinden gibt es keine Schnellademöglichkeit, fast 40 Prozent haben noch gar keinen Ladepunkt. Die Gesamtzahl der Ladepunkte lag im Frühjahr 2024 bei 115 000. Um die von der Bundesregierung als Ziel für 2030 vorgegebene Marke von einer Million zu erreichen, müsste sich die Ausbaugeschwindigkeit verdreifachen – so die Präsidentin des Verbandes der Deutschen Automobilwirtschaft (VDA), Hildegard Müller.[26]

Noch einmal, damit kein Missverständnis aufkommt: Es geht mit diesen Argumenten nicht darum, die Notwendigkeit von wachsender Elektromobilität zu bestreiten. Es geht vielmehr darum, neben der in der öffentlichen Debatte so häufig vorzufindenden Betonung der Chancen auch die Herausforderungen und Grenzen aufzuzeigen – und dann den Blick auf klimafreundliche Zusatzangebote, vor allem E-Fuels, zu richten. Es wird sich zeigen, dass es auch hier Vor- und Nachteile gibt.

Synthetische Kraftstoffe: Grünstrom aus der Flasche

Wie oben dargestellt sind E-Fuels der Grünstrom aus der Flasche. Das Verfahren zur Herstellung ist erforscht, dem Markthochlauf steht nichts im Wege: Aus entsalztem Meerwasser wird per Elektrolyse mit erneuerbarem Strom (Wind- und Solar) zunächst Wasserstoff erzeugt, der dann über bestimmte chemische Verfahren (Methanolsynthese, Fischer-Tropsch-Verfahren) mit Kohlendioxid zu klimaneutralem Treibstoff synthetisiert wird. Man kann sie besonders günstig und in schier unendlichen Mengen im Sonnengürtel oder in den Windregionen unserer Erde in großen Solar- und Windparks herstellen und in flüssiger Form sicher und günstig in die Industriezentren transportieren. Der vielleicht größte Vorteil: die gesamte Transportinfrastruktur von den Tankschiffen über Pipelines bis hin zu Raffinerien und Tankstellen kann erhalten werden, E-Fuels können 1:1 dem fossilen Treibstoff beigemengt werden.

Für den Flug- und im Schiffsverkehr ist es heute unbestritten, dass synthetische Kraftstoffe die einzig wirkliche Alternative zu fossilem Treibstoff sind. Auch bei schweren Lkw, bei Bussen, bei landwirtschaftlichen und militärischen Fahrzeugen nimmt die Überzeugung zu, dass Alternativen zur Batterie gesucht werden müssen. Insbesondere Bio-LNG oder Biosprit aus Speiseölen und anderen Abfällen, natürlich auch E-Fuels scheinen dabei die Nase vorn zu haben. Zu groß, zu schwer, zu kostenträchtig kommt die Elektrifizierung für diese Bereiche daher. Hier gibt es von *all electric*-Anhängern, den NGOs und grünen Parteien noch viel Widerstand – wie die quälenden Debatten im Europäischen Parlament 2023/24 zeigen. Jeder mag seine Präferenz haben und dafür streiten. Aber keine Option sollte verboten, alle mit großer Offenheit verfolgt werden – damit am Ende markt- und nutzerfreundliche Lösungen stehen.

Argumente gegen E-Fuels

Die Hauptargumente der Gegner liegen in der angeblich geringeren Energieeffizienz gegenüber der Batterieoption, den hohen Kosten und der vermeintlich geringen Verfügbarkeit. Außerdem verweisen sie darauf, dass selbst die Automobilbranche in Deutschland mehrheitlich die Zukunft in der Batterie sehe. Diese Argumente sind ernst zu nehmen und bedürfen der Klärung.

In der Tat gibt es bisher erst wenig konkrete Projekte, in denen synthetische Kraftstoffe hergestellt werden. Und es gibt starke Begehrlichkeiten der Flugzeug- und Schiffsbranche. Bei Lufthansa,

IV.3. Synthetische Kraftstoffe: Säule klimaneutraler Mobilität

Airbus oder Hapag-Lloyd argumentiert man: Wir sind durchaus für die Option E-Fuels für Pkw, aber erst sind wir dran, weil es für Flug- und Schiffsverkehr keine Alternative gibt.

Für die großen Pläne gibt es bisher erst kleine Projekte. Weltweit führend ist das chilenisch-amerikanische Unternehmen Highly Innovative Fuels (HIF-Global), das zusammen mit Siemens Energy, Porsche sowie ExxonMobil und ENEL seit 2023 bereits in der Pilotanlage Haru Oni in Patagonien ca. 130 000 Liter synthetischer Kraftstoffe herstellt. Der Grund für den abgelegenen Produktionsstandort unweit von Punto Arenas ist klar: Der starke und regelmäßige Wind im Süden Chiles verspricht eine preisgünstige Produktion von Wasserstoff, der anschließend in E-Fuels verwandelt und damit transportfähig gemacht wird. Deshalb plant das Unternehmen dort den Bau eines riesigen Windparks mit fast 384 Megawatt. Die Hafeninfrastruktur an der Magellanstraße, von wo der grüne Kraftstoff in die ganze Welt in alle Richtungen transportiert werden kann, war ein weiteres Argument bei der Standortwahl. 2020 hatte Bundesminister Peter Altmaier Siemens Energy-Chef Christian Bruch einen Förderbescheid der Bundesregierung überreicht und damit das Interesse Deutschlands als Abnehmer unterstrichen. HIF hat inzwischen – wohl auch unter dem Eindruck der Förderbedingungen des Inflation Reduction Act (IRA) – Texas zu einem weiteren Schwerpunkt seiner Aktivitäten gemacht. Dort plant das Unternehmen 2023 die größte Elektrokraftstofffabrik der Welt mit einer Kapazität von zunächst 750 Millionen Litern jährlich für den Schiffs- und Pkw-Verkehr. Mit dieser Menge können 400 000 Pkw dekarbonisiert werden.

In Europa gibt es inzwischen ehrgeizige E-Fuel-Projekte: FlagshipONE von Liquid Wind in Schweden, Zero Petroleum in

IV.: Über erneuerbare Energien hinaus

Biceser (UK), Bilbao Decarboniation Hub in Spanien oder das ReuZeProjekt in Frankreich haben in den letzten Jahren auf sich aufmerksam gemacht. Auch in Deutschland gibt es inzwischen ansehnliche Projekte zur Produktion von synthetischen Kraftstoffen. Interatec aus Karlsruhe betreibt in Frankfurt eine Pilotanlage für 2500 Tonnen oder 4,35 Millionen Liter synthetischer Kraftstoffe im Jahr. Atmosfair in Werlte (Emsland) und Next Gate in Hamburg produzieren kleinere Mengen bereits seit 2022. Ähnlich die Forschungsanlage an der TU Bergakademie Freiberg in Sachsen. Bemerkenswert ist die von einem Bündnis von 16 mittelständischen Unternehmen geplante Produktionsanlage für E-Benzin im niedersächsischen Steyerberg. Produktionsstart ist 2026, anvisiert werden 70 Millionen Liter pro Jahr, was dem durchschnittlichen Verbrauch von etwa 100 000 Benzin-Pkw entspricht. Treibende Kraft hinter dem Projekt ist Lorenz Kiene von der Lühmann-Gruppe aus Hoya.

Zur Umwandlung von Wasserstoff in synthetische Kraftstoffe benötigt der technische Prozess Kohlendioxid. Dies könnte einmal von abgeschiedenem CO_2 aus industriellen Prozessen dorthin transportiert und zur Produktion von synthetischem Methan, Methanol und Kraftstoffen genutzt werden. Es könnte ein CO_2-Kreislauf entstehen, in dem CO_2 nicht mehr als Gefahr für das Klima, sondern als Rohstoff im Rahmen klimaneutraler Produktion angesehen wird. Bis auf weiteres aber wird das CO_2 für die Herstellung von E-Fuels durch Direct Air Capture (DAC) direkt aus der Atmosphäre gewonnen. Das technische Verfahren ist bisher noch sehr teuer, aber viele Unternehmen – in Europa zum Beispiel Siemens Energy, MAN Energy Solutions, Sunfire, Climeworks oder Obrist – arbeiten an effizienteren und kostengünstigeren Systemen.

IV.3. Synthetische Kraftstoffe: Säule klimaneutraler Mobilität

Die zum Teil heftige Diskussion um die angeblich unzureichende Effizienz elektrischer Kraftstoffe ist schwer zu verstehen. Der Verband der Elektrotechnik hat zum Beispiel die Rechnung aufgemacht, dass Strom aus einer 3-Megawatt-Windturbine für 1600 Elektroautos, aber gerade einmal für 250 mit E-Fuels betriebene Kraftfahrzeuge ausreiche. Der Wirkungsgrad von E-Fuels liege, so Autoexperte Ferdinand Dudenhöffer, bei etwa 15 Prozent, der von Batterieautos bei 80 Prozent. Es gibt auch hier andere Berechnungen, aber im Kern bleibt wahr, dass durch den Wegfall der Umwandlungsprozesse die Nutzung von Solar- und Windenergie über die Batterie effizienter ist. Aber was heißt das? Da Sonne und Wind unendlich vorhanden sind, spielt dieses Argument kaum eine Rolle. Die verwendete Sonnen- und Windenergie wird ja niemandem weggenommen.

Hinsichtlich der Kostenentwicklung gibt es Prognosen, die so weit auseinanderklaffen, dass sie nur eines zeigen: wie unberechenbar in Wahrheit die Zukunft ist. Vielleicht gibt die Studie des Potsdam-Instituts für Klimafolgenforschung (PIK) vom März 2023 ein wenig Orientierung. PIK ist unverdächtig, gegen die Elektrifizierung der Mobilität zu sein. Nach Angaben der Potsdamer kosten E-Fuels aus Haru Oni in Chile im Pilotprojekt 50 Dollar pro Liter und waren dadurch ca. 100-mal teurer als der typische Großhandelspreis für fossiles Benzin. Durch eine Skalierung könne aber schon in absehbarer Zeit ein Preis von 2 Dollar in Reichweite kommen. »Langfristig« sei sogar 1 Dollar für den Liter E-Fuel »wahrscheinlich möglich«.[27]

Viel weiter werden wir uns der Wahrheit nicht nähern. Müssen wir heute auch nicht. Die ganze Debatte über Verfügbarkeit, Effizienz, Kosten usw. erinnert mich an viele Diskussionen, die ich zu Beginn der Ära der Photovoltaik und der Windkraft mit

Skeptikern geführt habe. Damals wurde auch argumentiert: Die Systemkosten sind viel zu hoch, die Energieeffizienz zu gering, ohne Subventionen werden die Erneuerbaren nie konkurrenzfähig sein, *grid parity* (so war damals das Schlüsselwort) werdet ihr zum Sankt-Nimmerleinstag-Tag erreichen. Gleichzeitig hieß es, dass die Netze zusammenbrechen würden, wenn mehr als 20 Prozent durch volatile Energiequellen gedeckt werden sollten. Gerade die dramatisch positive Entwicklung der Erneuerbaren hinsichtlich Kosten, Effizienz, technologischer Innovation, Skalierung, Anpassung sowie die enormen Leistungen der Übertragungs- und Verteilnetzbetreiber, den »Flatterstrom« ohne Blackouts ins Netz zu integrieren, und der enorme Zubau und die produzierte Gesamtmenge in den letzten Jahren zeigen: Wenn Politik, Wirtschaft, Gewerkschaften und Verbände an einem Strang ziehen und Wissenschaftlern, Ingenieuren und Unternehmern Freiraum gegeben wird, können unglaubliche Kräfte entfesselt werden.

Könnte es sein, dass die Chancen der deutschen Automobilindustrie gegenüber der chinesischen Konkurrenz größer sind mit klimaneutralen Kraftstoffen im Verbrenner als mit Elektroautos? Die Chefs von BMW, Oliver Zipse, und VW, Oliver Blume, liegen mit ihrer Warnung richtig, dass sich Europa mit seiner einseitigen Ausrichtung auf Elektrofahrzeuge in zu große Abhängigkeiten von Rohstoffzulieferern begibt.[28] Zipse: »Synthetische Kraftstoffe sind die einzige Möglichkeit, auch im Fahrzeugbestand Beiträge zum Klimaschutz zu leisten.«[29]

2024 häufen sich die Hinweise darauf, dass sich die Automobilwirtschaft im Ganzen von der ausschließlichen Konzentration auf die Batterie verabschiedet und die Politik zu verstehen beginnt, dass die einseitige Bevorzugung der Elektromobilität und das Verbrennerverbot Fehler waren.

IV.3. Synthetische Kraftstoffe: Säule klimaneutraler Mobilität

Noch immer sind weniger als drei Prozent der Fahrzeuge auf deutschen Straßen reine Elektroautos. Ziel der Bundesregierung ist es, bis zum Ende des Jahrzehnts 15 Millionen E-Autos auf der Straße zu haben. Im Sommer 2024 waren keine 2 Millionen auf der Straße. Wie will man in der verbleibenden Zeit mehr als 13 Millionen auch nur annähernd schaffen? Nach einer jüngsten Prognose des Center of Automotive Management (CAM) wird lediglich die Hälfte erreicht.[30]

Einer der Gründe für diese Lage ist die unberechenbare Förderpolitik Berlins: Der Umweltbonus, also die Förderung des Kaufs von E-Wagen, wurde über Nacht gestrichen, ebenso die Bezuschussung von privaten Ladestationen, die groß angekündigt und nach kurzer Zeit eingestellt wurde. Die Verbraucher, ohnehin bei der E-Mobilität eher zurückhaltend, wurden weiter verunsichert.

Die einseitige Elektro-Strategie der Politik in Deutschland und der EU erweist sich mehr und mehr als schwerer Fehler. Das »Zwangskorsett Verbrennerverbot und Elektro-Diktat« (so der ehemalige Aufsichtsratschef der Adam Opel AG, Hans Wilhelm Gäb, in einem Leserbrief an die *FAZ*) hat zum ersten Mal in der Geschichte des Automobils Ingenieuren vorgeschrieben, wie die Zukunft des Autos auszusehen hat. Wäre es nicht besser gewesen, ein Emissionsziel vorzugeben und es dann den Autobauern zu überlassen, wie man es am besten erreicht? Die in Jahrzehnten aufgebaute Kernkompetenz der Automobilbauer und weltweit bewunderter Hightech-Zulieferfirmen wie Bosch, Mahle, ZF Friedrichshafen, Kirchhoff Automotive (und vieler anderer) ist gefährdet. Und die Welt betrachtet das im Gegensatz zur Wunschvorstellung der grünen Politiker keineswegs als Vorbild, sondern schüttelt den Kopf darüber, warum die Deutschen von sich aus das Beste gefährden, was sie industriell hervorgebracht haben und worum sie weltweit beneidet werden. Manche reiben sich gar insgeheim die Hände: Endlich wird man konkurrenzfähig und kann den Deutschen Paroli bieten. In China, Korea, Japan und den USA jedenfalls werden Verbrenner nach wie vor gebaut ...

Ob das Verbrennerverbot angesichts dieser veränderten Diskussionslage bleibt, darf bezweifelt werden. Als ersten wichtigen Schritt hat der Gesetzgeber in Deutschland nach langem Tauziehen ermöglicht, dass erneuerbare Dieselkraftstoffe wie HVO100 in Reinform getankt werden können. HVO100 (Hydrotreated Vegetable Oils) aus alten Speiseölen und biologischen Abfallstoffen kann (fast) klimaneutral hergestellt werden, herkömmlichen Diesel 1:1 ersetzen und darf seit April 2024 in Deutschland unter der Bezeichnung XTL (X-To-Liquid) getankt werden. Eine andere Alternative ist Bio-LNG, das etwa die ViGo Bioenergy in Deutschland vertreibt. Die Einführung der neuen Kraftstoffe durch die Ampel-Regierung wurde fast überall begrüßt, nur aus der NGO-Ecke kam der alte Reflex, dass es sich hier nur um ein Feigenblatt der Mineralölindustrie handele.

Die Vergangenheit hat gezeigt, dass auch die besten Modellrechnungen von Wissenschaftlern oft vollkommen daneben liegen, weil zum Beispiel der Faktor technologische Innovation kaum quantifizierbar ist. Wer weiß schon, was zukünftig alles erfunden wird? Deshalb gilt auch hier: weniger Regulierungswut, mehr Offenheit, mehr Vertrauen in die Kräfte des Marktes. Das Argument, man würde Ressourcen verschwenden, wenn man zu viele Optionen gleichzeitig offenhalte, stammt im Kern aus dem Rezeptbuch der Planwirtschaft. Viel größer ist die Gefahr, bei zu früher Festlegung durch Politik und Bürokratie *stranded assets* zu produzieren und zum großen Verlierer zu werden.

Bleibt die Frage, ob Teile der Klimabewegung nicht ein ganz anderes Interesse verfolgen. Der NABU erklärte jüngst, dass man die nötigen Mengen an E-Fuels für die Dekarbonisierung des Verkehrs gar nicht herstellen könne. Es brauche vielmehr ein »Herunterfahren des Konsums weltweit«.[31] Das ist eine legitime Weltsicht. Aber sie entspricht nicht dem Denken der überwiegenden Mehrheit der Bürger bei uns, schon gar nicht den Vorstellungen der Menschen in den Schwellen- und Entwicklungsländern.

IV.4. Atomkraft neu denken: *Small Modular Reactors (SMR)* und neuartige Reaktoren (NR) der 4. Generation

Ein ungewöhnlicher Atomgipfel von 35 Staaten, darunter die USA, China, Japan, Indien, Großbritannien und eine von Frankreich angeführte Allianz von 14 EU-Staaten tagte auf Einladung der belgischen EU-Ratspräsidentschaft im März 2024 in Brüssel. Ziel war es, wie schon bei einem ähnlichen Treffen von etwa 20 Staaten während der COP 28 in Dubai, einen Plan für eine kraftvolle Renaissance der Kernkraft zu entwerfen. Allein für die EU soll die installierte Leistung aus nuklearer Energie bis 2050 auf 150 GW steigen, 50 Prozent mehr als heute. Global wird angestrebt, die bisherige Kapazität von 370 GW um 740 GW zu erhöhen. Ursula von der Leyen, die EU-Kommissionspräsidentin, die zuvor nie als Befürworterin der Kernkraft in Erscheinung getreten war, lud die Staatslenker symbolträchtig zum Termin

IV.: Über erneuerbare Energien hinaus

am 21. März 2024 vor das Atomium in Brüssel und pries die Wiedergeburt: »Kernenergie ist weltweit nach der Wasserkraft die zweitgrößte Quelle für emissionsarmen Strom.«

Neben der großen klimapolitischen Bedeutung der Nuklearenergie könne die Atomenergie »einen zuverlässigen Anker für die Strompreise bilden und damit unsere Wettbewerbsfähigkeit gewährleisten«.[32] Deutschland hatte keinen Delegierten zum Gipfel entsandt, nicht einmal einen Beobachter. Die Ampel-Regierung will nichts von dem Thema wissen. Im Gegenteil, das dem Umweltministerium unterstellte Bundesamt für die Sicherheit der nuklearen Entsorgung (BASE) stellte – am Tag des Atomgipfels von Brüssel – eine vom Ministerium in Auftrag gegebene Zusammenstellung bekannter Studien des Öko-Instituts vor. Das Öko-Institut und Wissenschaftler der TU Berlin legten wie gewohnt eine kenntnisreiche und umfassende Analyse vor, aber interpretierten – ebenfalls wie gewohnt – alles in ihrem Sinne: Sie kommen zu dem Ergebnis, dass alle neuen Reaktorkonzepte, die sie sogleich »sogenannte ›neuartige‹ Reaktorkonzepte (SNR)« nennen, nicht zur Bewältigung der Klimakrise taugen: Die Marktreife für diese Reaktoren sei erst in fünf bis sechs Jahrzehnten zu erwarten, Fragen der Sicherheit und Wirtschaftlichkeit seien im internationalen Diskurs um die Zukunft der Atomkraft unterbelichtet. Die *Neue Zürcher Zeitung* (NZZ) fragte mit Recht: »Wie gefällig darf eine Studie sein?«[33]

Ganz offenkundig sind wir dabei, uns einmal mehr auf einen Sonderweg zu begeben. Man könnte das auch Abkopplung vom internationalen Dialog oder Selbstisolierung nennen. Es findet – völlig ungeachtet der deutschen Position – global ein Umdenken statt. Auch Fatih Birol, der Chef der mächtigen Internationalen Energie Agentur (IEA), hat sich inzwischen an der Front der Be-

IV.4. Atomkraft neu denken

fürworter positioniert. Deutschlands Atomausstieg sei ein »historischer Fehler« gewesen. Die Entscheidung habe »negative Auswirkungen auf das Stromangebot« gehabt, vor allem sei die Chance vertan worden, CO_2-Emissionen zu reduzieren.[34]

Warum nur verweigern sich die Deutschen? Ist das verantwortlich, wenn man den Klimawandel als größte Gefahr sieht? Sollte man nicht wenigstens dabei sein und beobachten, was die Welt tut, wie es im Übrigen das Energiewirtschaftsgesetz – »Sicherstellung eines wirksamen und unverfälschten Wettbewerbs bei der Versorgung mit Elektrizität und Gas und der Sicherung eines langfristig angelegten leistungsfähigen und zuverlässigen Betriebs von Energieversorgungsnetzen«[35] – der Bundesregierung explizit erwartet? Sollte man nicht aus den ideologischen Schützengräben herauskommen und zumindest einmal zur Kenntnis nehmen, dass die Renaissance der Kernkraft nicht einen Wiedereinstieg in die Technologie der großen Leichtwasserreaktoren bedeutet, sondern die Debatte sich auf kleine modulare Reaktoren und auf eine neue Generation von modernen Reaktortypen konzentriert: Small Modular Reactors (SMR) und Neuartige Reaktoren (NR)? Beide bilden ein ganzes Spektrum an neuen, sicheren und kleinen Reaktorkonzepten ab. Sie können vielfältig eingesetzt werden, gerade in Situationen, in denen die Erneuerbaren an ihre Grenzen stoßen. Einige dieser Konzepte sind, verglichen mit den alten Meilern, auch deutlich sicherer, sodass eine Kernschmelze ausgeschlossen und die Atomtechnik nicht für militärische Zwecke missbraucht werden kann. Mit der Weigerung, neue Entwicklungen überhaupt ernsthaft zu prüfen, isoliert sich unser Land einmal mehr mit einem Sonderweg – und wieder bei einer Technologie, die ihre Ursprünge in Deutschland hatte.

IV.: Über erneuerbare Energien hinaus

Wenn wir in Deutschland klimaneutral werden wollen, dann können wir auf die Option Kernkraft nicht verzichten. Die Kernkraft der nächsten Generation ist klein und kann deshalb dezentral und für ganz spezifische Aufgaben eingesetzt werden. Niemand will die zentrale Rolle der erneuerbaren Energien infrage stellen, aber ein Frachtschiff wird auch in der Zukunft nicht durch Solarenergie betrieben werden können. Ein SMR, kleiner als ein Schiffscontainer, könnte eine attraktive Lösung darstellen, um etwa den Schiffsverkehr klimaneutral zu machen. Das sollte man nicht sofort ablehnen, sondern ernsthaft prüfen – einschließlich der potenziellen Gefahren: Wie sicher ist etwa diese Technologie im Angesicht von Terror – oder Piratenangriffen? SMR könnten ebenfalls eingesetzt werden, um stromintensive KI-Rechenzentren zu betreiben. Der US-Konzern Microsoft plant, zwei Rechenzentren in Nordrhein-Westfalen zu bauen.[36] Mit dem Kohleausstieg stellt sich die Frage: Wie wird die wachsende Zahl immer größer werdender Rechenzentren weiterhin mit Strom versorgt – neben den Elektroautos, den Wärmepumpen, der Umstellung großer Teile der Industrie und des Verkehrs auf Stromlösungen? Kleine Reaktoren könnten auch hier die Lösung bieten, um die Stromversorgung sicherzustellen, ja man kann sie sich als ideale Partner der Erneuerbaren vorstellen, weil sich die meisten SMR-Typen im Betrieb relativ leicht hoch- und runterfahren lassen und deshalb dezentral die fluktuierende Sonnen- und Windkraft hervorragend ergänzen könnten.

IV.4. Atomkraft neu denken

Deutsche Extreme und Emotionen in der Atompolitik

Die Atomkraft in Deutschland hat schon immer die Gemüter bewegt. Als 1960 der Atomeinstieg mit dem Versuchsreaktor Kahl in Unterfranken erfolgreich gelang, herrschte in Westdeutschland zunächst große Euphorie. In den folgenden Jahren wurden immer mehr Kraftwerke an das Stromnetz angeschlossen, auch zwei in der DDR. Die Kernenergie wurde damals als sichere Energiequelle gefeiert, die schier unendliche Mengen an preisgünstiger Energie zur Verfügung stellen würde. Genau das, was das Wirtschaftswunderland benötigte.

Das positive Image der Atomkraft in Deutschland fand mit dem Unfall im Kernkraftwerk Three Mile Island bei Harrisburg im März 1979 und vor allem mit der nuklearen Katastrophe von Tschernobyl im April 1986 ein Ende. Die Kernenergie wurde nun nicht mehr als sichere, klimaneutrale Lösung der Stromversorgung gesehen, vielmehr verbreitete sich in Deutschland schlichtweg Angst. Atomkraft sei nicht kontrollierbar. Selbst wenn die deutschen Reaktoren sicherer seien als die sowjetischen Kernkraftwerke, so bleibe doch ein unakzeptables Restrisiko. Aus solchen Ängsten heraus bildete sich die Anti-Atomkraft-Bewegung, die den sofortigen Atomausstieg forderte. Sie verschaffte sich mit radikalen Aktionen, teilweise gewalttätig Gehör – hatte aber auch im ländlichen und bürgerlichen Milieu erhebliche Resonanz. Die Forderungen der Anti-Atomkraft-Bewegung erreichten mit der Wahl der rot-grünen Regierung 1998 schließlich die offizielle Bundespolitik. Kanzler Gerhard Schröder und Umweltminister Jürgen Trittin handelten 2002 mit den vier Konzernen, die in Deutschland Kernkraftwerke betreiben, einen Atomkonsens aus, in dessen Folge die letzten deutschen Kraftwerke planmäßig im Jahr 2021 abgeschaltet werden sollten.

IV.: Über erneuerbare Energien hinaus

36. Energiegespräch am Reichstag über die Energiewende und das nukleare Erbe. Der damalige Vorsitzende der Grünen Fraktion im Bundestag Jürgen Trittin im Dialog mit Johannes Theyssen, dem Vorstandschef von E.ON. 24. April 2013.

Im Oktober 2010 vollzog der Deutsche Bundestag jedoch eine Kehrtwendung, eine Laufzeitverlängerung der bestehenden AKW. Nach mehrwöchiger öffentlicher Debatte ergab die abschließende Gesetzeslesung am 28.10.2010 ein knappes Ergebnis von 309 Ja-Stimmen und 280 Nein-Stimmen (zusätzlich 2 Enthaltungen und 30 nicht abgegebene Stimmen). Die damalige Bundeskanzlerin Angela Merkel betonte in Bezug auf die Laufzeitverlängerung, dass »sowohl was die Versorgungssicherheit, den Strompreis als auch das Erreichen der Klimaziele anbelangt, [...] die Kernenergie als Brückentechnologie wünschenswert [ist].«[37]

Nachdem sich nicht einmal fünf Monate später, am 11.03.2011, die Nuklearkatastrophe von Fukushima zugetragen hatte, schlug das Pendel wieder in die andere Richtung. Die AKW-Laufzeitverlängerung wurde auf maßgebliches Betreiben von Kanzlerin Angela Merkel gekippt. Sie wollte verhindern, dass sich die negative Stimmung im Wahlverhalten der Bürger niederschlug. Aber die Wahltaktik scheiterte. In Baden-Württemberg wurde zwei Monate nach Fukushima mit Winfried Kretschmann erstmals ein Grüner zum Ministerpräsidenten gewählt.

Was die Nuklearenergie angeht, versetzte sich Deutschland damals bei vollem Bewusstsein selbst ins Koma. Erst mit der Energiekrise nach dem russischen Überfall auf die Ukraine und den steigenden Energiepreisen wachte das Land auf. Es kam zu einer deutlichen Neubewertung. So sprachen sich im April 2023 laut einer repräsentativen Umfrage von Forsa 66 Prozent der Deutschen für Atomkraft aus, nur 28 Prozent votierten dagegen. Auch innerhalb der Politik wächst mittlerweile das Bekenntnis zu einer ernsthaften Prüfung der nuklearen Option. So erklärte Hessens Ministerpräsident Boris Rhein: »Der Ukraine-Krieg und die Energiekrise zeigen uns, dass wir uns breit aufstellen müssen. Wir müssen besonders angesichts des Atomausstiegs technologieoffen Forschung fördern. Nicht nur aussteigen, sondern auch mal einsteigen.«[38] In den Augen der oppositionellen CDU/CSU ist Atomkraft als »Option« unverzichtbar.

Small Modular Reactors und Neue Reaktoren

Ich bin nie ein großer Anhänger der Kernkraft gewesen. In meinem Buch *Ein Planet wird gerettet* (1992) ging ich auf die »Restrisiken« ein: nukleare Proliferation, Kriege in Ländern mit Atomkraftwerken, Terrorismus, Entsorgung des Atommülls usw. Dann fragte ich aber, ob »die Gefahren nicht noch größer sind«, wenn die Welt auf die Kernenergie verzichtete. Mein Gesamt-

IV.: Über erneuerbare Energien hinaus

urteil damals: »Wir sollten uns davor hüten, aus dem gestiegenen Bewusstsein für die Risiken des Kohlendioxids nunmehr der Atomlobby einen Persilschein auszustellen. Wer die Kernkraft zur Lösung unserer Energiesorgen hochstilisiert, läuft Gefahr, den Teufel mit dem Beelzebub auszutreiben.«[39] – Das würde ich auch mehr als 30 Jahre später unterschreiben.

Natürlich muss man die Risiken abwägen, die Kosten berechnen und nicht zuletzt die Frage nach dem Verbleib abgebrannter Brennstäbe beantworten, ehe man sich erneut der Kernkraft zuwendet. Sich ihr aber von vornherein zu verweigern, ist ebenso falsch.

Die Ablehnung der Ampel-Bundesregierung und der sie tragenden Parteien (bis auf die FDP) ist noch immer vom Glauben geprägt, die Nukleartechnologie sei auf dem Stand von 2011. Die alten Anti-Atomkraft-Reflexe wirken bis heute.

Es geht mir wahrlich nicht um einen übereilten Wiedereinstieg. Das Pendel sollte nicht wieder radikal in die andere, diesmal die Pro-Richtung ausschlagen. Vielmehr geht es mir um eine ergebnisoffene Prüfung. Dabei muss – wie oben angedeutet – zwischen SMR und NR unterschieden werden. Bei den Small Modular Reactors (SMR) handelt es sich um eine Reaktorklasse und nicht um eine spezielle Technologie. Es geht, wie der Name schon sagt, um kleine nukleare Kraftwerke. SMR sind eine dezentral einsetzbare Energie. Sie versprechen eine höhere Sicherheit sowie die Möglichkeit zur einheitlichen Produktion in hohen Stückzahlen. Ziel ist es, Herstellungskosten durch Massenproduktion zu senken. Allerdings weisen sie naturgemäß eine geringere Leistungskraft auf, was durchaus ein Problem für die Kostenseite darstellt. Der Einsatz von SMR bietet sich zum Beispiel bei der dezentralen Stromversorgung von Industrien und Wohnsiedlungen oder bei

IV.4. Atomkraft neu denken

Rechenzentren sowie im Schiffsverkehr an. Andererseits mag man sich nicht gerne vorstellen, wie ein mit nuklearer Energie angetriebenes Handelsschiff durch das von Huthi-Rebellen terrorisierte Rote Meer fährt.

Die Neuen Reaktoren (NR) stellen eine Reihe von unterschiedlichen Konzepten und Verfahren dar, die diverse Vorteile gegenüber den bisher üblichen Leichtwasserreaktoren bieten. Schon seit Jahren wird an der Kommerzialisierung solcher NR geforscht. Welche Konzepte gibt es und wieso stellen sie eine Verbesserung in der Kernkraft dar?[40]

- **Hochtemperaturreaktor (Very High Temperature Reactor, VHTR)**
  Im Gegensatz zu herkömmlichen Reaktorkonzepten, die auf Temperaturen bis 300 °C erwärmen, können die VHTR Temperaturen zwischen 750 °C und 1000 °C erreichen. Der Wirkungsgrad ist durch den Temperaturunterschied deutlich höher als üblich, somit ist die Umwandlung von Wärme in Strom effizienter und führt zu einem erhöhten Ertrag. Der VHTR kann eine höhere Arbeitstemperatur erreichen, da dieser anstelle von Wasser mit Heliumgas gekühlt wird. Durch diese Kühltechnik sowie das kugelförmige Design der Brennelemente weisen die VHTR eine höhere Sicherheitsstufe auf. Durch die hohe Temperatur sind die Anforderungen für die verwendeten Materialien deutlich anspruchsvoller, ebenso ist die Brandgefahr erhöht.
- **Salzschmelzreaktor (Molten Salt Reactor, MSR)**
  Im Gegensatz zu herkömmlichen Reaktorkonzepten arbeitet der MSR ohne Brennstäbe, dafür aber mit geschmolzenem Salz als Brennstoff. Besonders vorteilhaft bei dem MSR ist

die höhere Sicherheit im Falle von Störungen, da der Brennstoff automatisiert in Sicherheitsbehälter ablaufen könnte und somit eine Kettenreaktion ausgeschlossen wäre. Durch die Besonderheit des Brennstoffs steigt die Abnutzung des Systems, weshalb der Reaktor eine kürzere Lebensdauer hätte.

- **Mit superkritischem Wasser gekühlter Reaktor (Supercritical-water-cooled Reactor SCWR)**
  Das Arbeitsmaterial des SCWR ist sogenanntes superkritisches Wasser. Dabei handelt es sich um Wasser, das auf eine Temperatur von über 374 °C und einen Druck von mindestens 221 Bar kommt und somit einen sogenannten superkritischen Zustand erreicht. In diesem Zustand kondensiert Wasser nicht mehr, weshalb das Kühlmittel effizienter angewendet werden kann. Ein Vorteil des SCWR ist, dass der abgebrannte Brennstoff durch eine mögliche Transmutation (siehe S. 177 ff.) weniger lange strahlt. Durch das Arbeiten mit hohem Druck sind allerdings auch höhere Sicherheitsstandards im Reaktor notwendig.
- **Gasgekühlter Schneller Reaktor (Gas-cooled Fast Reactor, GFR)**
  GFR sind ähnlich wie Druckwasserreaktoren aufgebaut, weisen jedoch zwei elementare Unterschiede auf. Zum einen wird Helium statt Wasser als Kühlmittel verwendet, zum anderen findet die Kernspaltung mithilfe von schnellen Neutronen statt und nicht mit thermischen Neutronen. GFR weisen im Vergleich zu Leichtwasserreaktoren einige Vorteile auf: Der Reaktoraufbau ist relativ einfach; durch das Verfahren kommt es zu Transmutationen; das Kühlmittel ist einerseits nicht selbst radioaktiv und kann durch das Erhitzen auf sehr hohe Temperaturen vergleichsweise effizient eingesetzt werden.

IV.4. Atomkraft neu denken

- **Natriumgekühlter Schneller Reaktor (Sodium-cooled Fast Rector, SFR)**
  Bei SFR wird der Reaktorkern durch flüssiges Natrium, das sich durch seine hohe Wärmekapazität und seine effiziente Leitfähigkeit auszeichnet, in einem Pool gekühlt. Durch die Bauweise und das verwendete Natrium ist der Druck im Reaktor sehr gering. Ein SFR zeichnet sich dadurch aus, dass er durch eine sogenannte Brutreaktion zusätzliches Spaltmaterial produzieren kann und durch Transmutationen relativ kurzlebigen radioaktiven Atommüll fabriziert.
- **Bleigekühlter Schneller Reaktor (Lead-cooled Fast Reactor, LFR)**
  Bei LFR handelt es sich um eine Poolbauweise, wobei flüssiges Blei oder eine Blei-Bismut-Legierung als Kühlmittel verwendet werden kann. Durch die Eigenschaften des Kühlmittels herrscht während des Betriebs Normaldruck innerhalb des Reaktorbehälters. Auch bei LFR kommt es zu Brutreaktionen und Transmutationen.
- **Beschleunigergetriebener unterkritischer Reaktor (Accelerator-driven Systems, ADS)**
  ADS sind eine Kombination aus einem unterkritischen Reaktorkern, in dem keine Kernspaltungskettenreaktion entstehen kann und einer externen Neutronenquelle. Die Neutronenquelle wird mithilfe eines Teilchenbeschleunigers betrieben. Ähnlich wie bei den LFR-Konzepten ergeben sich Vorteile vor allem durch die Kühlung mittels Blei. Der ADS gilt unter den NR als besonders anspruchsvoll, weshalb bisher erst Prototypen gebaut worden sind. Ein Pilotprojekt soll 2030 in Belgien in Betrieb genommen werden. Das US-Energieministerium hat in Charkiw, Ukraine ein eindrucks-

volles Gemeinschaftsprojekt des Argonne National Laboratory und des Kharkiv Institute of Physics and Technology finanziert.[41]

Ich möchte mir nicht anmaßen, diese Reaktortypen im Detail zu verstehen oder zu beurteilen. Wie viele Experten haben wir noch in Deutschland, die das von sich sagen könnten? Aber ich finde solche Entwicklungen spannend und lehne es ab, wenn sich die Politik und die von ihr beauftragten Institutionen und Experten solchen technischen Entwicklungen von vornherein verweigern.

Globale Entwicklung neuer Kernkrafttechnologien

Während Deutschland sogar die beobachtende Beteiligung an dem Brüsseler Atomgipfel ablehnt, nehmen andere Länder und Unternehmen die Dinge in die Hand. Unser früherer Vorsprung in der Kernforschung und -technik ist schon seit Längerem unwiederbringlich verloren. Aber nun vergrößert sich die Lücke der Unwissenheit immer mehr, obwohl es in der Politik ein breites rhetorisches Bekenntnis zum Erhalt von nuklearem Know-how gibt. Welcher Physikstudent entscheidet sich bei dieser ideologischen Verweigerungshaltung schon für ein Studium von Kernphysik? So geht selbst unsere Kompetenz zur Beurteilung internationaler Entwicklungen allmählich verloren.

Die wichtigsten Industrieländer der Welt forschen seit Jahren an unterschiedlichen SMR- und NR-Konzepten oder beschließen Förderprogramme, um neuartige Reaktorkonzepte zu unterstützen:[42]

USA

Seit 2015 wurden in den USA über 50 Unternehmen mit einem Volumen von 1,3 Milliarden USD durch privates Kapital unterstützt. 2019 ist in den USA das Advanced SMR R&D-Program ins Leben gerufen worden, aufbauend auf den Erfolgen des SMR Licensing Technical Support Programs. Es fördert Forschungs-, Entwicklungs- und Einführungsaktivitäten, um die Verfügbarkeit von SMR-Technologien auf dem US-amerikanischen und internationalen Markt zu beschleunigen. Im Jahr 2020 initiierte das Department of Energy (DOE) das sogenannte Advanced Reactor Demonstration Program (ARDP). Das Ziel des ARDP ist es, durch einen offenen Wettbewerb verschiedener Technologielinien zwei Demonstrationsprojekte bis 2035 umzusetzen. Allerdings gibt es auch Rückschläge, die bei uns wohl beachtet werden sollten. Im November 2023 gaben der Entwickler NuScale und das Stromunternehmen Utah Associated Municipal Power Systems bekannt, dass sie das gemeinsam geplante Carbon Free Power Project aufgrund deutlicher Kostensteigerungen von geschätzten 3,6 auf 9,3 Milliarden USD sowie aufgrund von Finanzierungsproblemen beenden werden. Ursprünglich umfasste das SMR-Projekt den Bau von sechs neuen nuklearen Modulen, von denen jedes eine Leistung von 77 Megawatt haben sollte.

Russland

In Russland befindet sich das Reaktorkonzept BREST-OD-300, das der Technologielinie LFR zugeordnet werden kann, seit 2021 im Bau. Ein weiteres LFR-Konzept sowie ein MSR-Konzept befinden sich derzeit in der Designphase.

Im Bereich der SMR kann Russland bereits ein aktives schwimmendes Kernkraftwerk (KLT-40S) vorweisen. Ebenfalls wird der Einsatz eines weiteren SMR auf der Grundlage des sogenannten RITM-200-Konzepts diskutiert. Hierbei würde es sich um ein landbasiertes SMR handeln. Mit Rosatom verfügt Russland über eines der innovativsten Unternehmen im Bereich der Kernenergie. Rosatom exportiert seine Reaktorkonzepte (und vor allem Brennstoff und Maintenance) weltweit und baut somit Handelsbeziehungen aus, die über Jahrzehnte bestehen bleiben werden. Besonders interessant: Der Bereich Kernenergie ist von amerikanischen Sanktionen gegen Russland ausgenommen. Mehr noch: Zwischen beiden Ländern besteht weiterhin eine enge Zusammenarbeit im Bereich der Kernenergie – ähnlich wie bei der Raumfahrt.

China

China verfolgt seit Jahrzenten eine Kernkraft-Expansionsstrategie, die durch den Medium-long Term Plan for Nuclear Power 2005–2020 festgeschrieben worden ist. Der Staat beteiligt oder importiert immer wieder verschiedene NR-Konzepte. 2012 ist der Bau von zwei VHTR beschlossen worden. Das Projekt für den Bau des Testreaktors TMSR ist 2011 durch die China Academy of Science beschlossen und im Jahr 2021 fertiggestellt worden. Derzeit werden 23 neue Reaktorblöcke gebaut, bei denen es sich neben Leichtwasserreaktoren auch um VHTR und SMR handelt.

Frankreich

In Frankreich entwickelt das Energie-Start-up NAAREA einen Reaktor, der mithilfe schneller Neutronen Energie aus Atommüll gewinnen soll. Bei der Atommesse World Nuclear Exhibition im November 2023 präsentierte NAAREA den Abschluss einer Vereinbarung mit dem Batteriehersteller Automotive Cells Company, an dem die Automobilkonzerne Stellantis und Mercedes sowie der Batteriehersteller Saft beteiligt sind. Frankreichs Regierung hat rund eine Milliarde Euro für Forschungs- und Entwicklungsprojekte für Kernreaktoren angekündigt. Eines dieser Projekte ist ein 340 Megawatt starker SMR. 2030 soll der Bau eines Prototyps unter dem Projektnamen Nuward beginnen.

Großbritannien

Im November 2021 kündigte die Regierung Großbritanniens an, sage und schreibe 20 Milliarden Pfund für SMR-Forschung und Entwicklung bereitzustellen.[43] Die britische Regierung plant, die Kernenergiekapazität bis 2050 auf 24 Gigawatt zu erhöhen. Das entspricht dem Vierfachen der heutigen Kapazität, wobei der Bereich Small Modular Reactor ein wichtiger Bestandteil dieser Strategie werden soll. Zu den Unternehmen, die hier voranschreiten, gehören unter anderem NuScale Power, Rolls-Royce SMR und der französische EdF-Konzern, der in Großbritannien stark vertreten ist. Last Energy hat bereits im Frühjahr 2023 Verträge über den Bau von 34 SMR in Großbritannien und Polen abgeschlossen.

Polen

In Polen hat das Unternehmen Orlen Synthos Green Energy (OSGE) den Plan zum Bau mehrerer kleiner SMRs vorgestellt. OSGE hat nun die ersten sieben potenziellen SMR-Standorte bekanntgegeben und Kooperationsvereinbarungen zur Finanzierung unterzeichnet. Bis 2030 strebt OSGE an, mindestens ein SMR in Betrieb zu nehmen. Insgesamt plant Polen den Bau von 79 SMRs, von denen jedes eine Leistung von 300 Megawatt haben soll, um 30 Prozent des Energiebedarfs zu decken.

Kanada

Kanadas Regierung hat das Enabling SMR Program angekündigt. Im Rahmen dieses Förderprogramms werden über vier Jahre hinweg 29,6 Millionen CAD bereitgestellt. Damit sollen Projekte zur Entwicklung von Lieferketten für die SMR-Herstellung und die SMR-Brennstoffversorgung sowie Forschungsprojekte zur sicheren Entsorgung von SMR-Abfällen finanziert werden. Der Bau des ersten SMR soll 2025 in Darlington in Ontario gestartet und bis 2030 fertiggestellt werden.

Südkorea

Südkorea ist eines der führenden Industrieländer im Bereich der Kernkraft. In Bezug auf NR ist das Land an ausländischen Forschungsprojekten beteiligt und unterhält durch Abschnitt 123 des US-Atomenergiegesetzes, das 2015 erneuert worden ist, mit den USA eine starke bilaterale Beziehung im Bereich der Kernenergie. Südkorea investiert nicht nur im Ausland, sondern treibt auch die eigenen NR-Entwicklungen voran. Aktuell steht auch der Bau einer Wiederaufarbeitungsanlage zur Debatte.

Vereinigte Arabische Emirate

Die Emirates Nuclear Energy Corporation der Vereinigten Arabischen Emirate hat im Rahmen der COP 28 im Dezember 2023 eine Reihe von Vereinbarungen mit Anbietern von SMRs getroffen, um Möglichkeiten für die Kommerzialisierung und den weltweiten Einsatz ihrer Konzepte zu prüfen. Für viel wichtiger halte ich hier, dass vier Reaktorblöcke im sonnigsten Land der Welt innerhalb des geplanten Kostenrahmens und Zeitplans erstellt wurden.

Saudi-Arabien

Saudi-Arabien hat ein Abkommen mit Südkorea über die Fertigstellung eines (SMART) SMR-Kraftwerks mit einer Leistung von 100 MW aktualisiert, um es für die Nutzung zu lizenzieren und für den Export anzubieten. Das gemeinsame Projekt zwischen den beiden Ländern, das 2011 begonnen wurde und das über mehrere Jahre lang ins Stocken geraten war, wird nun vorangetrieben.

Diese kleine Übersicht zeigt, dass die Kernenergie weltweit eher als bedeutende Chance gesehen wird und weniger als Risiko. Ohne Zweifel gibt es wichtige Hürden, eine davon ist die Finanzierung. Aber die wichtigsten Industrienationen der Welt setzen beim Thema Strom auch auf Kernenergie. Inzwischen gilt das auch wieder für die Privatwirtschaft. Weltweit entwickeln verschiedene private Start-ups unterschiedliche SMR-Konzepte. So zum Beispiel das bereits erwähnte französische Unternehmen NAAREA, das durch Kernkraft der nächsten Generation eine Alternative zu fossilen Brennstoffen bieten will. Zum einen entwickelt NAAREA eine Wiederaufbereitungstechnologie für nukleare Abfälle, zum anderen stellt das Start-up SMR her, die für die dezentrale Energieversorgung eingesetzt werden können.

Newcleo ist ein führendes britisch-italienisches Start-up in Turin. Das Unternehmen entwickelt zwei Minireaktoren mit einer Kapazität von 30 Megawatt und 200 Megawatt. Das Startup kündigte im Januar 2024 eine strategische Partnerschaft mit NAAREA an. Gemeinsam will man Synergien in den Bereichen der Forschung, Finanzierung und der Entwicklung des Brennstoffkreislaufs nutzen.

Oklo entwickelt Spaltungsreaktoren mit einer Leistungskapazität von 15 Megawatt. Das Energie-Start-up sitzt in Kalifornien und weist mit Sam Altman, Gründer von OpenAI, einen bedeutenden Befürworter und Investor vor.

Seaborg Technology ist ein dänisches Unternehmen, das 2015 gegründet wurde. Das Unternehmen entwickelt kleine SMR, um unter anderem auch in der energieintensiven Industrie die Dekarbonisierung voranzutreiben. Das Unternehmen plant Reaktoren in der Größe von Schiffscontainern zu bauen, die eine Leistungskapazität von 100 Megawatt haben.

Es tut sich also viel, es gibt eine enorme Dynamik und plötzlich wieder wachsende politische Unterstützung – jedenfalls außerhalb Deutschlands. Sosehr man diese Entwicklung als einen potenziellen Beitrag im Kampf gegen den Klimawandel begrüßen mag, bleibt es wichtig, ich möchte es nochmals betonen, auch auf

Endlager, Partitionierung und Transmutation (P&T)

In meiner Zeit als Bundestagsabgeordneter war für mich der Umgang mit den abgebrannten, aber hoch radioaktiven Brennstäben ein entscheidender Faktor in der Debatte über die Kernkraft. Auch heute ist diese Frage von zentraler Bedeutung: Wie gehen wir mit dem nuklearen Erbe des Bonner Atomzeitalters um, das mit der Vollendung des Atomausstiegs 2023 zu einem definitiven Ende gekommen ist? Folgt man auch hier einem pragmatischen, technologiebasierten Pfad, so können wichtige Erkenntnisse und Strategien für die Beherrschung einer künftigen, neuen Kernkraft gewonnen werden.

Deutschlands nukleare Hinterlassenschaften teilen sich in verschiedene Gefahrenklassen auf und sind an Standorten im ganzen Land verteilt.[44] Sie sollen sukzessive an wenigen Standorten konzentriert und für die Ewigkeit sicher verwahrt werden – eine Mammutaufgabe. Schwach- und mittelradioaktive Abfälle lagern etwa in Morsleben sowie in der Asse und sollen ab 2027 auch im Endlager Schacht Konrad bei Salzgitter eingelagert werden.

Wirklich problematisch sind die rund 17 000 Tonnen hochradioaktiver Abfälle vorwiegend aus Brennelementen, für die ein Endlager gesucht wird, das eine sichere Verwahrung für unglaubliche eine Million Jahre garantiert. Dieser Atommüll lagert bisher in sogenannten Zwischenlagern an den Standorten früherer Atomkraftwerke und im niedersächsischen Gorleben.

IV.: Über erneuerbare Energien hinaus

Machen wir es uns für einen Moment bewusst: Der moderne Mensch der Gattung Homo sapiens entwickelte sich wohl vor rund 300 000 Jahren, vor 45 000 Jahren kam er nach Europa. Seit etwa 18 000 Jahren betreibt er Ackerbau und vor 6000 Jahren fing er im antiken Uruk an, seine Gedanken schriftlich niederzulegen. Die Industrialisierung wiederum begann erst vor rund 250 Jahren. Ein Endlager zu errichten, das hochradioaktiven Müll bis zu einer Million Jahre sicher verwahren soll? Schwer vorstellbar. Man könnte weiter gehen: Der Endlagergedanke ist Ausdruck der Hybris des Menschen, eine Art Ikarus-Flug, der ebenso schrecklich ausgehen könnte.

Der Blick auf die Endlagerdebatte in Deutschland unterstreicht das. In Deutschland ist die Suche nach einem geeigneten Endlager seit 2017 durch das Standortauswahlgesetz (StandAG) geregelt. Das Gesetz gibt eine dreistufige Vorgehensweise vor, nach der phasenweise potenzielle Lagerstätten begutachtet werden, um so den richtigen Standort zu finden. Die Sicherheitskriterien eines Endlagers sind vielfältig und die Anforderungen an die Standortsuche gewaltig. Im Mai 2014 konstituierte sich auf der Grundlage des StandAG eine 32-köpfige Endlagerkommission des Deutschen Bundestages. Ziel der von Ursula Heinen-Esser (CDU) und Michael Müller (SPD) geführten Kommission war es, eine breit getragene Konsenslösung zu finden, was nach vielen hitzigen Debatten zwei Jahre später auch gelang. Keine Frage: Angesichts der traditionellen Polarisierung in diesen Fragen war das eine hervorragende politische Leistung. Aber kann ein solcher Versuch, sei er noch so wohlgemeint und ehrenwert, wirklich tragen? Eine Lösung für ein Endlager, das über eine Million Jahre Bestand haben soll?

IV.4. Atomkraft neu denken

Der hochradioaktive Abfall soll in ein Wirtsgestein eingelagert werden, das eine wirksame Barriere gegen die radioaktive Strahlung liefert. Infrage kommen dafür Ton, Salz oder Granit, die jedes für sich mit spezifischen Vor- und Nachteilen verbunden sind und deren ungleiche regionale Verteilung in Deutschland politische Folgen zeitigt. So wurde das verworfene Endlager Gorleben im norddeutschen Salz eines Urmeeres errichtet, Granit wiederum kommt vorwiegend in Süddeutschland vor. Vorausahnend, dass Bayern ein Endlagerstandort sein könnte, hat Ministerpräsident Markus Söder ein Endlager im »bayerischen Granit« sofort ausgeschlossen und den Gedanken einer objektiven Suche des besten Standorts auf einer »weißen Landkarte« damit gleich zu Beginn des Prozesses ad absurdum geführt.[45]

Ob und wann das erste Endlager in Deutschland fertiggestellt wird, ist nicht klar. Das StandAG sieht eine Standortentscheidung per Bundestagsbeschluss für 2031 vor. Inzwischen geht die Bundesgesellschaft für Endlagerung (BGE) davon aus, dass ein geeigneter Standort erst zwischen 2046 und 2068 gefunden werden kann.[46] Hinzu kämen dann die Verzögerungen wegen der zu erwartenden Klagen und Proteste, der jahrzehntelange Bau und schließlich die wieder jahrzehntelange – ebenfalls von Protesten begleitete – Befüllung der Anlage, die sich damit bis ins 22. Jahrhundert strecken dürfte. Darüber ist ein heftiger Behördenstreit entbrannt. Die zuständige Aufsichtsbehörde, das Bundesamt für die Sicherheit der nuklearen Entsorgung (BASE) schiebt der BGE den Schwarzen Peter zu und bemängelt jahrelange Verzögerungen. Der gewählte Ausweg: ein Beschluss zur Gründung einer Arbeitsgruppe zur Revision des laufenden Verfahrens – gemäß dem Motto: Wer nicht weiter weiß, gründet einen Arbeitskreis.[47]

IV.: Über erneuerbare Energien hinaus

Hinzu kommt, dass die Genehmigung für das Zwischenlager Gorleben nur bis 2034 befristet ist, für das Zwischenlager Ahaus bis 2036. Spätestens in den 2040er Jahren laufen die letzten Genehmigungen für Standortzwischenlager aus.[48] Sie müssen dann neu zertifiziert und umfassend ertüchtigt werden. Aber wer soll das alles tun? Es gibt bei uns immer weniger Experten, die über das entsprechende Know-how verfügen, auch kaum noch Wissenschaftler und Ingenieure, die den gesamten hochkomplexen Prozess begleiten, beurteilen und kontrollieren können, geschweige denn ihn mit eigenen Konzepten zu führen und zu prägen wissen. Noch gibt es zum Beispiel den TÜV Nord mit seiner ausgewiesenen Nuklearkompetenz, das Institut für Kernphysik Jülich oder das Kernforschungszentrum Karlsruhe und einige andere versprengte Orte mit nukleartechnischer Kompetenz. Aber die öffentlichen Einrichtungen leiden alle an Unterfinanzierung, weil die Politik – jedenfalls bis vor Kurzem – unisono der Meinung war, dass man sich mit nuklearen Themen nicht mehr befassen müsse. Wir wären schon jetzt kaum noch in der Lage, ein Endlager zu bauen. Wir scheitern ja schon, die kleine Polemik sei erlaubt, beim Bau von mittelgroßen Flughäfen und Bahnhöfen.

Kurz, unsere Endlagersuche ist Teil der oben beschriebenen Selbstüberschätzung des Menschen. Wir müssen uns ehrlich machen: Der aus der Not geborene und wohlgemeinte Versuch, das nukleare Erbe nach dem StandAG zu regeln, war vielleicht von Anfang an vermessen. Es wird nicht gelingen, alle politischen und technischen Probleme bis zum Jahr 2100 zu lösen – und selbst dann bleibt die Erkenntnis: Ein Endlager für eine Million Jahre ist menschlich nicht beherrschbar. Wenn ein solches Endlager nicht die Lösung ist, dann muss nach Alternativen gesucht werden. Aber auch hier verweigern sich das Bundesumweltministerium und BASE.

IV.4. Atomkraft neu denken

Alternative Ansätze zum großen Endlager

Der eingeschlagene Weg zu einem großen, auf eine Million Jahre angelegten Endlager wurde bisher regelmäßig mit dem Verweis auf die nötigen Forschungsarbeiten und die lange Dauer bis zu einer ausgereiften Entwicklung möglicher technologischer Alternativen verteidigt. Würden wir tatsächlich zu einer Standortentscheidung im Jahre 2031 kommen, wäre dieses Argument noch einigermaßen überzeugend.[49] Die eingeräumte jahrzehntelange Verzögerung aber muss nun Anlass sein, sich technologischen Alternativen zu öffnen.

Das StandAG sieht ein striktes Verfahren für Suche und Bau eines Endlagers für hochradioaktive Abfälle vor. Der eingeschlagene Weg ist dabei die tiefengeologische Lagerung. § 1 Abs. 4 Satz 2 StandAG allerdings öffnet eine Hintertür für einen künftigen Strategiewechsel. Dort heißt es: »Die Möglichkeit einer Rückholbarkeit für die Dauer der Betriebsphase des Endlagers und die Möglichkeit einer Bergung für 500 Jahre nach dem geplanten Verschluss des Endlagers sind vorzusehen.« Vor 500 Jahren eröffnete die Renaissance in Europa ein neues Zeitalter der Wissenschaften – Ansporn genug, sich nicht mit der simplen Beerdigung nuklearer Altlasten zufriedenzugeben.

Aber die gut organisierten Gegner einer technologiebasierten Suche nach Alternativen zur großen Endlagerung fürchten, dass damit die nukleare Wiederaufbereitung wieder salonfähig wird. Wiederaufbereitung bedeutet das Schließen des nuklearen Brennstoffkreislaufes. Und das darf nach Meinung von Greenpeace und anderer NGOs schlichtweg nicht sein. Zwar wäre damit das größte Problem der Atomwirtschaft, die »Ewigkeitslasten«, weitgehend gelöst. Aber die ideologischen Vorbehalte wiegen stärker.

IV.: Über erneuerbare Energien hinaus

Wenn von Alternativen zum großen Endlager die Rede ist, sind vorwiegend Ansätze zur weiteren Nutzung bzw. zur Wiederaufbereitung hochradioaktiver nuklearer Abfälle gemeint, namentlich die Partitionierung und Transmutation, P&T. Sie ist mit unterschiedlichen Reaktorkonzepten verbunden, die sich alle der weiteren Nutzung der weltweit über 300 000 Tonnen (!) hochradioaktiver Abfälle verschrieben haben.

In diesem Zusammenhang noch von »Atommüll« zu sprechen, ist im Grunde unangebracht, denn dieser würde mit P&T zu einer wichtigen Rohstoff- und Energiequelle, ein Wertstoff, den es zu recyclen gilt. Weitestgehend ginge es also darum, aus der Atomwirtschaft alten Typs mit strahlenden Müllbergen eine moderne Kreislaufwirtschaft zu machen, die sich in klimapolitische Konzepte einfügt. Die gebrauchten nuklearen Brennstäbe in Deutschland könnten allein hunderte Jahre lang zur Stromversorgung beitragen, so der international renommierte Nuklearforscher Professor Bruno Merk.[50]

Einer der Paten des Konzepts ist der Italiener Carlo Rubbia, Physiknobelpreisträger 1984 und ehemaliger Generaldirektor des Europäischen Teilchenforschungszentrums CERN in Genf. Sein Erbe möchte etwa das Schweizer Start-up TRANSMUTEX weiterführen, das am CERN entstanden ist und einen beschleunigergetriebenen unterkritischen Reaktor konzipiert.

IV.4. Atomkraft neu denken

Franklin Servan-Schreiber, der CEO von Transmutex, erläutert im Dezember 2022 vor der 15. World Policy Conference in Abu Dhabi das P&T-Konzept. Auch hier gilt einmal mehr: Das Interesse am Golf und in Asien an der Technologie ist größer als bei uns.

Bei P&T wird in einem Dreischritt nukleares Material gespalten (partitioniert) und anschließend zu neuem Kernbrennstoff verarbeitet. Schließlich wird es in einem Reaktor »verbrannt« (transmutiert). Dabei werden Elemente mit einer besonders langen Halbwertszeit in stabilere Elemente oder solche mit einer kurzen Halbwertszeit umgewandelt. Die freiwerdende Energie kann zur Stromerzeugung genutzt werden, auch ein Einsatz zur Erzeugung von Isotopen für die Medizin oder die Materialforschung wäre möglich.

Im Kontext der Diskussion um den Umgang mit dem nuklearen Erbe ist P&T eine alternative Option zum heutigen Pfad der unbehandelten nuklearen Endlagerung für unvorstellbare eine Million Jahre. Einen Sinneswandel vorausgesetzt, wäre die Entwicklung der Technologie ein spannendes Betätigungsfeld für die darbende deutsche Kernforschung und ihr mittlerweile kritisches Nachwuchsproblem. Deutschland erhielte die Chance, nicht nur beim Rückbau von Kernkraftwerken, sondern auch beim Brennstoffrecycling Spitzentechnologie Made in Germany nach deutschen Sicherheitsvorstellungen zu entwickeln.

Auch P&T kommt allerdings nicht ohne nukleare Abfälle aus, denn nicht alle chemischen Elemente können vollständig weiterverwendet werden. Doch würde ein ungleich kleineres Endlager benötigt, und dieses müsste nach Transmutation der besonders langlebigen Transurane lediglich für wenige hundert Jahre sicher verschlossen bleiben. Selbst das ist natürlich problematisch, aber immerhin ein vorstellbarer Zeitraum, für den sich ein nachvollziehbares Sicherheitskonzept entwickeln ließe.

IV.5. Die unerwarteten Erfolge der Fusionsenergie: Hoffnungsträger für die Energiewende

Mit der Kernfusion habe ich mich das erste Mal bei der Arbeit an meinem bereits erwähnten Buch *Ein Planet wird gerettet* beschäftigt, also Anfang der 1990er Jahre. Mich hatte der Durchbruch des von der Europäischen Atomgemeinschaft gegründeten Joint European Torus (JET) in Culham am 9. November 1991 fasziniert: Für zwei Sekunden wurde ein energielieferndes Plasma hergestellt, die erste kontrollierte Kernfusion in der Geschichte. JET wurde wesentlich von deutschen Physikern geprägt, namentlich dem Gründungsdirektor Hans-Otto Wüster und später Martin Keilhacker. Damals stand man in technologischer Konkurrenz zum Tokamak Fusion Test Reactor (TFTR)-Projekt in Princeton, USA – ein Wettbewerb, der sich bis heute fortsetzt. Ich habe schon damals das gewaltige Potenzial dieser Technologie geahnt, mit dem wir in gewisser Weise die Sonne auf die Erde bringen. Zwei Atomkerne verschmelzen dabei zu einem neuen Kern. Die Kernfusionsreaktion ist der Grund dafür, dass Sonne und Sterne Energie abstrahlen. Hier geht es um gewaltige Energiemengen. Und es geht um Klimaneutralität. In der Theorie kann Kernfusion der Königsweg zur Deckung eines klimaneutralen Energiebedarfs der Menschheit werden. Allerdings war mir schon damals klar, dass es lange dauern würde, bis aus der Grundlagenforschung eine konkrete Anwendung und gar ein Geschäftsmodell werden würde. Ich schrieb 1992: »Frühestens in fünf Jahrzehnten kann nach heutigem Kenntnisstand mit einer kommerziellen Nutzung der Kernfusion gerechnet werden.«

Wegen dieser verbreiteten Langzeitprophezeiung wurde die Kernfusion nicht als Lösungsoption für unsere konkreten Probleme angesehen. Die Kernfusion galt als Science-Fiction. Erst Anfang des letzten Jahrzehnts als Gastprofessor am King's College London wandte ich mich wieder der Kernfusion zu. Gemeinsam mit dem EU-Energiekommissar diskutierten wir über Gas, Wasserstoff, aber auch über Technologien wie CCS und Kernfusion. Es schien, als seien Ergebnisse bei ITER nicht mehr ganz so fern.

IV.: Über erneuerbare Energien hinaus

Diskussionsveranstaltung mit EU-Energiekommissar Günther Oettinger an dem von mir geleiteten European Centre for Climate, Energy and Resource Security (EUCERS), King's College London am 10. Februar 2011. Mit im Bild der damalige britische State Minister for Energy and Climate Change, Charles Hendry.

Für mich änderte sich das erst, als ich 2020 las, dass China eine erste »künstliche Sonne«, einen Fusionsforschungsreaktor von mehr als 150 Millionen Grad in der Provinz Sichuan in Betrieb genommen habe. Im Januar 2023 kündigte der CEO von TAE Technologies aus Kalifornien, Michl Binderbauer, an, mit seiner Fusionstechnologie schon 2030 (!) das erste kommerzielle Kraftwerk zu bauen. Das Unternehmen, an dem Chevron und Alphabet beteiligt sind und das vom Energieministerium der USA gefördert wird, steht idealtypisch dafür, dass die Kernfusionstechnologie die Schwelle zwischen Forschung und Anwendung bereits überschritten hat. Plötzlich ist die Kernfusion in der heutigen Wirklichkeit angekommen. Sie ist keine Zukunftsmusik mehr, sondern eine reale Option.

IV.5. Die unerwarteten Erfolge der Fusionsenergie

An Weihnachten 2022 hatte es einen weltweit beachteten wissenschaftlichen Durchbruch am National Ignition Facility (NIF) in Livermore gegeben. Hier gelang es zum ersten Mal, eine Fusionsreaktion zu zünden, bei der mehr Energie entstand als eingespeist wurde. Was die amerikanische und internationale Presse schnell als bedeutsamen Durchbruch feierte, wurde in anderen Ländern, wie Deutschland, kritischer aufgenommen. Die nötige Energie für den Betrieb der gesamten Anlage (insbesondere der Hochleistungslaser) sei nicht einberechnet worden, damit handle es sich nicht wirklich um einen Nettoenergiegewinn. Weiterhin sei die Laserfusionsforschung am NIF hauptsächlich ein Mittel, um das Verhalten von Kernwaffenexplosionen zu untersuchen – unter Umgehung des Kernwaffenteststopp-Vertrags. Für die ausschließlich friedliche Forschung an Fusionskraftwerken sei das Ergebnis damit wenig relevant.

Wenig später, im Februar 2023, erreichte das Max-Planck-Institut für Plasmaphysik (IPP) in Deutschland seinerseits einen Meilenstein, den man als noch relevanter für die Entwicklung eines ersten Fusionskraftwerks einschätzen muss: Den Einschluss eines Plasmas (heißt hier konkret: sehr heißes Wasserstoffgas) über die Dauer von 480 Sekunden darf man getrost als einen deutlichen Fortschritt gegenüber dem vorherigen Spitzenwert von 100 Sekunden werten. Dieser Erfolg zeigt nicht nur, dass aus einem Plasma Energie erzeugt werden kann (wie bei NIF), sondern dass ein kontinuierlicher Betrieb der Fusion möglich ist. Der kontinuierliche Betrieb ist für ein Kraftwerk eine der entscheidenden Größen. Wer braucht schon ein Kraftwerk, das nur wenige Sekunden Energie liefert? Dass diese Erfolgsmeldung aus Deutschland deutlich weniger Aufmerksamkeit erzeugte, verwundert kaum: Im selbstbewussten Marketing waren die Vereinigten Staaten Deutschland

IV.: Über erneuerbare Energien hinaus

immer schon einen Schritt voraus. Das wiederum mag daran liegen, dass man den Ergebnissen der eigenen Forschung mit größerer Offenheit und mehr Enthusiasmus begegnet.

Ausgelöst durch die Erfolge in den USA und Deutschland nahmen sich auch politische Akteure in Deutschland der Thematik an. Die Bundesforschungsministerin, Bettina Stark-Watzinger, hat im Juni 2023 die aktuelle Situation und Handlungsfelder der Bundesregierung in einem Positionspapier festgehalten.[51] Daraus geht insbesondere die Notwendigkeit hervor, öffentlich-private Partnerschaften zwischen Forschung und Wirtschaft zu stärken, Technologiehubs zu fördern und einen klaren Rechtsrahmen zu schaffen. Wenig später folgte die Ankündigung seitens der Bundesministerin, die Fusionsforschung in Deutschland über die nächsten fünf Jahre mit insgesamt einer Milliarde Euro zu fördern – was einem Aufwuchs von 370 Millionen Euro entspricht.

Im Bundestag machte sich insbesondere die CDU/CSU-Fraktion für die Fusion stark. Mit einem Antrag »Stärkung der Fusionsforschung auf Weltklasseniveau« forderte die Fraktion 2023 ein klares Bekenntnis zur Fusionsenergie. Sie unterbreitete einen Vorschlag für eine innovationsfreundliche Regulierung und für den Bau erster Fusionsreaktoren mittels eines »Meilenstein-Wettbewerbs« – bei dem die weitere Förderung an das Erreichen festgelegter Ziele geknüpft wird. Besonders energisch setzte sich der forschungspolitische Sprecher der Fraktion, Thomas Jarzombek, für die Fusion ein. Auf ihn geht die Forderung der Bundes-CDU zurück: »Wir wollen den weltweit ersten Fusionsreaktor bauen.«

Auch einzelne Bundesländer brüten bereits über eigenen Strategien. Die Düsseldorfer FDP stieß eine Diskussion über Nordrhein-Westfalen als Standort für die Fusion an, der hessische Ministerpräsident, Boris Rhein, will Hessen zum Standort der Laserfusion machen.⁵² Dabei plädierte er dafür, wieder vermehrt in Zukunftstechnologien einzusteigen, statt überall nur auszusteigen.

Eine führende Rolle bei der Kernfusion nimmt derweil der Freistaat Bayern ein. Bei einem Deep-Tech-Roundtable im Frühjahr 2023 tauschte sich der Leiter der Staatskanzlei, Florian Herrmann, mit den beiden bayerischen Fusions-Start-ups Marvel Fusion und Proxima Fusion über die Chancen für Bayern aus. Wenig später richteten Markus Söder, Markus Blume und Florian Herrmann einen Kernfusionsgipfel in München aus. Das Resultat der Veranstaltung ist der »Masterplan Kernfusion«, der die Leitplanken für den Aufbau eines Industrieökosystems in Bayern skizziert.

Aktueller Stand der Fusion

Nicht mehr Science-Fiction: Im Rennen um das erste Fusionskraftwerk ist der Startschuss längst gefallen. Obwohl Deutschland bei der Forschung in der Poleposition ist, wollen uns die USA und China diesen Platz streitig machen. Doch bei der Frage nach den Zeitplänen und der Technologiereife gilt es, nach den unterschiedlichen technologischen Ansätzen zu differenzieren. Grundsätzlich unterscheiden wir zwischen magnet- und laserbasierter Fusion. Bei Letzterer beschießen Hochleistungslaser ein gefrorenes Wasserstoffpellet. Bei der Magnetfusion wird dagegen ein Plasma mittels Magnetfeldern eingeschlossen und auf hohe Temperaturen gebracht. Bei der Magnetfusion lässt sich wiederum zwischen den Technologiepfaden Tokamak und Stellarator unterscheiden.

Der Tokamak ist das älteste technische Konzept für ein Fusionskraftwerk. Tokamaks sind im Vergleich zu Stellaratoren

IV.: Über erneuerbare Energien hinaus

zwar einfacher zu bauen, aber deutlich schwerer zu betreiben. Der wichtigste Unterschied: Ein Tokamak kann nicht kontinuierlich betrieben werden, sondern muss über Minuten hinweg abkühlen. Obwohl Tokamaks das am intensivsten beforschte Reaktordesign sind, eignen sie sich nur bedingt für den Kraftwerkseinsatz. Allerdings gibt es Forscher, die das ganz anders sehen, etwa am Princeton Plasma Physics Laboratory (PPPL), das dem amerikanischen Energieministerium untersteht. Hier glaubt man fest an die Nutzung der Fusion. Weniger Elan und Optimismus strahlt dagegen ITER aus, das weltweit größte wissenschaftliche Tokamakexperiment in der südfranzösischen Provence. ITER ist ein internationales Großprojekt der Superlative, das 2005 als Nachfolger von JET entstand und inzwischen an der eigenen Komplexität zu ersticken droht. Manche Experten sagen deshalb hinter vorgehaltener Hand, dass ITER groß, langsam und nicht mehr zeitgemäß sei. Die Diskussion darüber, ob sich ITER weiter verzögere und verteuere, wird inzwischen immer lauter.

Der Stellarator ist im Vergleich zum Tokamak deutlich schwieriger zu bauen, bietet aber den kontinuierlichen Betrieb wie in einem zukünftigen Kraftwerk. Für das Design der Magnetspulen kommen beim Stellarator Supercomputer zum Einsatz. Da deren Rechenkapazität lange Zeit beschränkt war, erhielten Tokamaks bisher den Vorzug vor Stellaratoren. Die Rechenleistung moderner Computer ist jedoch so weit gestiegen, dass Experten das Design eines Stellarator-Kraftwerks längst nicht mehr für Hexenwerk halten. Wie bereits erwähnt, steht das weltweit führende Stellaratorexperiment, der Wendelstein 7-X, am IPP in Deutschland. Mit Blick auf dessen Ergebnisse kommt Thomas Klinger, Professor am IPP, für den Stellarator sogar zu dem Schluss: »Es gibt keine Showstopper mehr. Die Kernfusion kommt.«[53]

Die Laserfusion steckt im Vergleich zur Magnetfusion noch in einem frühen Entwicklungsstadium. Weltweit gibt es nur kleinere und mittelgroße zivile Forschungsanlagen. Mit der Gründung der Pulsed Light Technologies GmbH durch die Agentur für Sprunginnovation möchte die Bundesregierung langfristig eine erste zivile Forschungseinrichtung im selben Energiebereich wie NIF bauen. Wie gezeigt, erreichen die Laborversuche in den USA bereits einen beeindruckenden Energieoutput, der jedoch für die Entwicklung eines Kraftwerks wenig aussagekräftig ist.

Zu den erwähnten Technologiezweigen gab es bisher vor allem öffentliche Forschung. Zu dieser bekennen sich ausdrücklich auch die Grünen, die erste Signale der Unterstützung senden. An der Spitze – wie bei CCUS – wieder Robert Habeck, der sich im Februar 2024 beim IPP in Garching den Stand der Kernfusionstechnik erklären ließ. Seine Parteikollegin Anna Christmann, die in der Bundesregierung für Luft- und Raumfahrt zuständig ist, unterstrich wenige Tage später im Bundestag, dass an der grundsätzlich positiven Haltung der gesamten Bundesregierung zur Kernfusion nicht gezweifelt werden dürfte – immerhin. Allerdings sehen Habeck und sie in der Kernfusion noch immer die Vision für die ferne Zukunft. Jetzt gelte es, die erneuerbaren Energien auszubauen. Auch hier zeigt sich der schon mehrfach beschriebene Reflex in der grünen Bewegung, in jeder neuen Technologie zunächst eine Gefahr für Solar- und Windkraft zu wittern.

Erste Fusionskraftwerke bereits 2035?

Herr Habeck und Frau Christmann verkennen, dass die Kernfusion weiter ist. Inzwischen sind zahlreiche Start-ups entstanden, die die Entwicklung des ersten Kraftwerks als private Akteure mit

IV.: Über erneuerbare Energien hinaus

zusätzlichen privaten Investments vorantreiben wollen – teils in Partnerschaften mit öffentlichen Forschungsinstituten. Im Vergleich zu den genannten Ansätzen versuchen sich wiederum einige wenige Start-ups an alternativen Technologien oder Mischformen, die jedoch naturgemäß weniger gut erforscht sind als die genannten Technologiepfade.[54]

Die neue Dynamik von Fusions-Start-ups hat auch Andrew Holland, CEO der Fusion Industry Association (FIA), in einem persönlichen Gespräch im Januar 2024 unterstrichen und mit Beispielen unterlegt. Die FIA ist einer der Interessenverbände in der Fusion. Zunächst in den USA gegründet – wo es mit Abstand die meisten Fusions-Start-ups gibt – ist die FIA inzwischen auch in Großbritannien und Europa aktiv. Eine Kernaufgabe der FIA ist die Veröffentlichung des jährlichen Global Fusion Industry Report. Laut der aktuellen Ausgabe für das Jahr 2023 existieren weltweit inzwischen mehr als 40 Fusions-Start-ups, die mehr als sechs Milliarden US-Dollar an privaten (!) Investitionen eingeworben haben.[55] Drei Viertel dieser Unternehmen sind in den letzten sechs Jahren entstanden. Die Frage danach, wann das weltweit erste Fusionskraftwerk Energie ins Stromnetz einspeisen wird, beantworten mehr als die Hälfte der Start-ups mit 2035 oder früher.

Über die jüngsten Erfolge dieser Start-ups kommt Holland ins Schwärmen. Besonders eindrücklich ist sein Vergleich mit dem Wachstum in der Halbleiterindustrie. Das Mooresche Gesetz (wobei Gesetz als Grundsatz zu verstehen ist) besagt, dass sich die Anzahl der Transistoren in integrierten Schaltkreisen etwa alle zwei Jahre verdoppelt. Hier zieht Holland eine Parallele und weist auf die Erfolge in der Fusionsforschung hin. Die Leistung von Fusionsanlagen steige sogar noch schneller als gemäß dem Mooreschen

IV.5. Die unerwarteten Erfolge der Fusionsenergie

Gesetz. Dass dieses rasante Wachstum bisher noch nicht breit zur Kenntnis genommen wurde, hängt auch damit zusammen, dass bisher Erfolge hauptsächlich daran bemessen wurden, ob die Fusion bereits Nettoenergie liefert. Damit wird man den bemerkenswerten Erfolgen der Forschung offenkundig nicht gerecht.

Die laufenden Entwicklungen in der Fusion werden voraussichtlich nicht nur zum Bau des ersten Fusionskraftwerks beitragen, sondern auch zu sogenannten Spillover-Technologien in anderen Bereichen führen. Für die Magnetfusion listet das erwähnte Positionspapier des BMBF (s. S. 188) absehbare Spillover-Technologien auf. So etwa die Medizintechnik (z. B. durch neuartige Hochfeldmagneten, Supraleiter), Materialien für extreme Einsatzbedingungen (z. B. Spezialmaschinenbau, Luftfahrt, Weltraum), Beschleunigertechnologien (supraleitende Hochfeldmagnete), die Telekommunikation (Gyrotrons), die Robotik sowie hochgenaue Messtechnik (z. B. für Magnetfelder).

Stärken und Vorteile: Dritte Säule der Erneuerbaren?

Zum einen ist sie **sauber und sicher:** Bei der Fusion verschmelzen leichte Wasserstoffkerne miteinander, wobei Heliumkerne entstehen und Energie frei wird. Dabei ist die Fusion nicht nur vollständig emissionsfrei, vielmehr entstehen im Gegensatz zur Kernspaltung auch keine langlebigen radioaktiven Abfälle, sodass eine Endlagerung nicht nötig ist. Durch den Neutronenbeschuss in der Fusionsanlage werden zwar Stahlteile leicht radioaktiv, diese lassen sich aber nach einer Abklingzeit von 50 bis 100 Jahren problemlos weiterverwenden. Selbst die Handhabung des nötigen superschweren Wasserstoffs (Tritium) ist mit den üblichen Sicherheitsvorkehrungen aus der Strahlentherapie vergleichbar.

IV.: Über erneuerbare Energien hinaus

Die möglichen Unfallszenarien eines Fusionskraftwerks sind überschaubar: Im schlimmsten Fall bricht die Fusionsreaktion ab, eine Kernschmelze oder ein GAU sind physikalisch ausgeschlossen.

Zudem ist sie **unverzichtbar für den Energiemix der Zukunft**: Die Grundlastfähigkeit der Fusionsenergie – insbesondere beim Stellarator-Konzept – ist ein entscheidender Vorteil der Fusionsenergie. Da Wind- und Solarkraft zeitlich schwanken, kommt die Energiewende ab einem Anteil von etwa 80 Prozent Erneuerbaren an den Punkt, wo ein weiterer Ausbau wirtschaftlich nicht sinnvoll ist. Um die verbleibenden 20 Prozent des Energiesystems zu dekarbonisieren, braucht es eine grundlastfähige Energiequelle. Auch Großverbraucher – wie energieintensive Industrien, Daten- und KI-Zentren, Elektrolyseure für die Wasserstoffherstellung oder Anlagen für Carbon Capture and Storage – haben einen hohen Bedarf an zuverlässig gleichbleibender Energieversorgung. Weil die Fusionsenergie Wind- und Solarkraft ideal ergänzen kann, spricht beispielsweise Frank Laukien, der Aufsichtsratsvorsitzende des Unternehmens Gauss Fusion, von der Fusion »als dritte[r] Säule der erneuerbaren Energien«. Für die vielbeschworene Diversifizierung unserer Energie- und Rohstoffquellen wäre Fusion damit eine wichtige Option.

Darüber hinaus könnte es einen **neuen Industriezweig für Deutschland** bedeuten: Die Fusionsenergie hat das Potenzial, zur Grundlage eines neuen starken Industriezweigs in Deutschland und Europa zu werden. Der Wirtschaftsstandort Deutschland bietet durch seine bestehende Forschungs- und Industrielandschaft die richtigen Voraussetzungen dafür. Durch die Entwicklung, den Bau und die Wartung von Fusionsanlagen können Arbeitsplätze und Wohlstand entstehen – Deutschland wäre damit wieder Exportweltmeister bei einer der Schlüsseltechnologien von morgen.

IV.5. Die unerwarteten Erfolge der Fusionsenergie

Davon würden insbesondere kleine und mittelständische Unternehmen profitieren, beispielsweise als heimliche Gewinner in der Fertigung von Spezialkomponenten. Die Fusion bietet also eine ideale Möglichkeit, um kluge Klimapolitik mit Wettbewerbsfähigkeit und Wohlstandssicherung zu verbinden.

Und schließlich ist die Fusion ein **technologischer Hoffnungsträger:** Fusion kann zur deutschen Mondlandung werden – ein *Energy Moon Shot*. Das *Handelsblatt* spricht vom »Heiligen Gral« der Energie- und Klimapolitik, Bundesministerin Stark-Watzinger von »der Lösung unserer Energieprobleme«. Wie lange wird schon über Fusion gesprochen, wie lange versuchen wir schon, das Sonnenfeuer auf der Erde zu entzünden? Und was wäre noch alles mit Physik und Technik möglich, wenn die Fusion endlich kommt? Neben den unmittelbaren wirtschaftlichen Vorteilen würde die Fusion auch ein neues Gefühl von Technikbegeisterung, Unternehmergeist und Erfindungsreichtum in Deutschland und Europa auslösen. Fusionsenthusiasmus statt Klimadepression. Wir wüssten wieder, dass wir den großen Herausforderungen unserer Zeit mit großen Lösungen begegnen müssen, statt uns im Klein-Klein zu verfangen und die Bevölkerung außen vor zu lassen.

Herausforderungen

Bei all diesen möglichen Vorteilen gilt es, auch die anstehenden Herausforderungen sorgsam zu prüfen. Dazu gehören die folgenden Fragen:

- Wann werden die ersten Kraftwerke zur Verfügung stehen?
- Wird Deutschland im technologischen Wettbewerb bestehen?
- Wie schnell lässt sich diese Technologie skalieren?

- In welchen Ländern lässt sich die Fusionskraft zeitnah ausrollen?
- Welche Ressourcen werden für den Rollout gebraucht?
- Wie kann Fusionsenergie Solar- und Windkraft systemdienlich ergänzen?
- Woher kommen die Ingenieure und Facharbeiter?
- Woher kommt das Tritium, das zur Umwandlung benötigt wird?
- Wie lässt sich ein weltweit einheitlicher Rechtsrahmen erreichen?
- Wie kann der Aufbau lokaler Industrie und Lieferketten unterstützt werden?
- Wie können die Länder, die Bundesregierung und Europa Anreize für private Investitionen schaffen?
- Wer finanziert die ersten Kraftwerke, tritt der Staat als Ankerkunde auf?

Start-ups in Deutschland

Diesen Herausforderungen stellen sich in Deutschland – soweit ich sehe – aktuell vier Start-ups:

Focused Energy, inzwischen mit Hauptsitz in Texas, arbeitet an der Laserfusion und wurde von Markus Roth gegründet. Roth ist Professor an der TU Darmstadt, Fellow der Amerikanischen Physikalischen Gesellschaft und Rosen Scholar des Los Alamos Laboratory. Focused Energy wird durch das Department of Energy in den USA gefördert und arbeitet mit NIF-Wissenschaftlern zusammen.

Gauss Fusion aus Hanau muss wohl eher als Industriekonsortium denn als Start-up bezeichnet werden. Es bündelt die Erfahrungen einzelner Unternehmen in der Magnetfusion, die

Teil der Zulieferkette von ITER und Wendelstein 7-X waren. Einen ähnlichen Hintergrund hat das Start-up Kyoto Fusioneering, die kein eigenes Kraftwerk entwickeln, sondern kritische Teile liefern wollen, die andere Fusions-Start-ups für ihre Anlagen brauchen. Gauss Fusion könnte also eine wichtige Rolle in einem ausdifferenzierten Industrieökosystem spielen.

Marvel Fusion ist unter den deutschen Start-ups aktuell vielleicht der bekannteste Player. Das Unternehmen arbeitet an der Laserfusion. Mit der Zeit häufen sich allerdings nicht nur die Erfolgsmeldungen, sondern auch Kritikpunkte. Letzten Nachrichten zufolge versucht Marvel sein Glück inzwischen in den USA, denn »europäische Investoren hätten abgewunken«.[56]

Proxima Fusion ist das erste *Spinout* des IPP – ein internationales Team, das die Erfahrungen von Wendelstein 7-X direkt nutzt. Das erklärte Ziel ist, einen europäischen Champion in der Fusionsenergie aufzubauen. Wegen dieser Ambitionen wurde Proxima Fusion bereits mit einigen der führenden amerikanischen Start-ups verglichen.[57]

Politischer Handlungsbedarf

Während die Fusionsindustrie weiter an Fahrt aufnimmt, haben auch Teile der Politik hierzulande ihre wichtige Rolle im Rennen um die Fusion erkannt. Mit dem hessischen Ministerpräsidenten Boris Rhein habe ich im Juli 2023 über das Thema gesprochen. Er hat verstanden, dass die Politik jetzt beherzt handeln muss, damit aus Forschung Made in Germany auch endlich Energie Made in Germany wird. Denn auch die ambitioniertesten Start-ups werden nur dann erfolgreich sein, wenn die Politik die richtigen Rahmenbedingungen setzt.

Quantensprung – Fusionsenergie schon in fünf Jahren?

Beim 163. Energiegespräch am Reichstag des *Clean Energy Forums (CEF)* im November 2023 konnte ich zu diesem Thema einen der profiliertesten europäischen Energiepolitiker, den Europaabgeordneten Christian Ehler, sowie den CEO von Proxima Fusion, Francesco Sciortino, begrüßen. Ehler betonte während unseres Gesprächs vor allem die hervorragenden Möglichkeiten, die der *Net Zero Industry Act* der EU bietet, um innovative, bahnbrechende Technologien wie die Fusion zu fördern. Dabei warnte er auch vor der immerwährenden Gefahr der Überregulierung in der Energiepolitik: »Wir haben in den letzten 5 Jahren so viel Gesetzgebung geschaffen wie in den 30 Jahren zuvor zusammen.« Im Kampf gegen den Klimawandel machte er klar, dass wir insgesamt unsere Forschungsbudgets eher verdoppeln oder verdreifachen müssen, statt aussichtsreiche Technologien links liegen zu lassen. Sciortino wiederum betonte den Handlungsdruck gegenüber den Wettbewerbern aus den USA. Deren Pläne sähen vor, nicht in 30 bis 50 Jahren, sondern in 3 bis 5 Jahren das erste Mal Nettoenergie mit einer Anlage zu demonstrieren. Diese Botschaft muss in unsere Köpfe!

Bisher allerdings dominieren in den Fachdebatten noch die Zweifel. Es sei nicht abzusehen, ob die Fusion jemals käme. Zu häufig sei sie schon als Königsweg für die kommenden Jahrzehnte propagiert worden. Diese Argumentation verkennt jedoch den Quantensprung der letzten Jahre und die Dynamik der momentanen Entwicklung. Der Einwand, dass die Entwicklung länger dauern werde als die ambitionierten Pläne der Start-ups, muss hinsichtlich konkreter Gründe hinterfragt werden. Der allgemeine Hinweis auf Komplexität und Schwierigkeiten reicht nicht. Wir haben ja gerade bei Solar- oder Windenergie gesehen,

IV.5. Die unerwarteten Erfolge der Fusionsenergie

dass technologische Fortschritte nicht lange auf sich warten lassen, wenn einmal grundlegende Weichen gestellt sind.

Meine Perspektive auf die Fusion ist deshalb: Warum geben wir den Start-ups nicht eine Chance, machen an Meilensteinen fest, ob sie wirklich das erreichen, was sie behaupten, unterstützen sie bei Partnerschaften mit Forschung und Industrie und bereiten den nötigen regulatorischen Rahmen vor? Gerade die Spitzeninstitute aus Deutschland sind es, die zu den weltweiten Erfolgen der Fusionsforschung beitragen. Deshalb sollte die Politik sich geschlossen hinter sie stellen, die Erfolge feiern und sich öffentlich zum Fusionsstandort Deutschland bekennen.

Ohne zusätzlichen Enthusiasmus und die Überzeugung, dass Kernfusion bei der Lösung unserer konkreten Klimasorgen helfen kann, wird es schwer sein, die nötigen Gelder zu sammeln. Bei der Finanzierung besteht erheblicher Handlungsbedarf. So spricht beispielsweise Heike Freund, COO von Marvel Fusion, regelmäßig die Schwierigkeiten an, in Europa größere Finanzierungsrunden einzuwerben. Um nicht ab einer Summe von 100 Millionen Euro zwangsläufig auf amerikanische Investoren angewiesen zu sein, brauche es zusätzliche öffentliche Förderung. Ein interessantes Vorbild könnte die britische Regierung liefern, die nicht nur moderne Regulierung für die Fusion (vergleichbar mit der Regulierung von Teilchenbeschleunigern) und den Aufbau eines Industrieökosystems im Rahmen des STEP-Programms fördert, sondern aktuell auch einen privaten Fusionsfonds aufsetzt, dessen Gewinne durch den Staat garantiert werden. So können Investitionen angelockt werden, ohne den Staatshaushalt zusätzlich zu belasten.

Die Fusionsenergie bietet eine vielversprechende Möglichkeit, um den weltweit wachsenden Energiebedarf langfristig zu decken.

IV.: Über erneuerbare Energien hinaus

Für die Energiewende in Deutschland ist sie sicherlich nicht die erste Priorität. Trotzdem müssen wir endlich anerkennen, dass die Erfolge der Forschung die Arbeit am ersten Kraftwerk rechtfertigen. Mit *Wendelstein 7-X* haben wir in Deutschland die Fusionsanlage gebaut, die weltweit einem tatsächlichen Kraftwerk aktuell am nächsten kommt. Jetzt kommt es darauf an, die Stärken von Industrie, Wissenschaft und Start-ups möglichst gut zu bündeln.

Im Rahmen der europäischen und weltweiten Ziele kann die Fusion einen wertvollen Beitrag leisten. Selbst wenn es erst 2040 die ersten kommerziellen »künstlichen Sonnen« geben sollte: Kernfusion ist keine Utopie mehr, sondern eine konkrete Option für die Energiewende.

V.

Eine Klimapolitik mit Leidenschaft und Augenmaß: Sechs Thesen und zehn Forderungen

Global, europäisch und national sind wir bisher mit dem Klimaschutz nicht entscheidend weitergekommen. Im Gegenteil: Es werden heute mehr fossile Energien verbraucht als 2015, die Kohleproduktion erlebt Rekorde. Die Erde wärmt sich weiter auf, extreme Wetterlagen nehmen zu. Während manche Regionen überflutet werden, drohen andere auszutrocknen. Wirbelstürme wüten und Wälder brennen. Auch wenn nicht alles auf den Klimawandel zurückzuführen ist und die berühmten Klima-Kipppunkte nicht bewiesen sind, ausschließen lassen sie sich nicht. Zu riskant, um dagegen zu wetten!

Es ist tragisch, dass gleichzeitig das politische Thema Klimaschutz an Bedeutung verliert, das 2015 seinen jahrzehntelangen globalen Siegeszug mit dem Pariser Abkommen krönte. Auch bei uns in Deutschland und Europa werden inzwischen andere Probleme als wichtiger wahrgenommen: Arbeit, Wohlstand, soziale Sicherheit, Inflation, Migration, Erhalt des Friedens und der Demokratie. Klima wird in der Themen-Tabelle seit 2023 nach unten durchgereicht. Zwischen der offenkundigen Notwendigkeit der Bekämpfung des Klimawandels und der Bereitschaft und Fähigkeit, ihm wirkungsvoll zu begegnen, klafft eine Lücke. Sie wird größer. Das ist ein beunruhigender Befund.

Die Gründe für diese Lage sind mannigfach. Sie sind unterschiedlich von Land zu Land und haben viel mit den Auswirkungen von Krisen, Konflikten und Kriegen zu tun. Sie haben auch mit menschlicher Bequemlichkeit und Ignoranz zu tun: Wir Menschen sind so gestrickt, dass wir mit einem gesunden Leben zumeist erst nach dem ersten Herzinfarkt beginnen. Menschen sind schlechte Vorbeuger. Niemand wird die Natur des Menschen ändern. Die wohlgemeinten Versuche, mit Moralpredigten die Menschen zu Verhaltensänderung und Verzicht zu drängen, gleichen dem Kampf des Don Quichotte gegen die Windmühlen.

Das heißt aber mitnichten, dass der Klimawandel hingenommen werden muss. Wir haben auch jetzt alle Chancen. Allerdings müssen wir es besser machen. Wir müssen vor allem pragmatischer werden.

Sechs Thesen

1. Klimaschutz darf nicht als moralische Heilslehre, Verheißung von Minuswachstum und eifernde Besserwisserei daherkommen. Es geht um die Entideologisierung der Klimapolitik.
Wer aus den unzureichenden Ergebnissen der Klimapolitik den Schluss zieht, die Klimaziele noch ehrgeiziger zu formulieren

und zusätzliche Instrumente, Regulierungen, Auslaufdaten und Verbote zu erlassen – der wird scheitern. Überehrgeiz, Verbissenheit und Regelungswut werden Wirtschaft, Handel und Industrie die internationale Konkurrenzfähigkeit rauben – gleichzeitig aber auch das Klima nicht retten. Die Energiewende wird nur erfolgreich sein, wenn sie den engstirnigen Rigorismus über Bord wirft, der Kompromisse, Brückenlösungen und konkrete Transformationspfade diffamiert. Die Energiewende muss mit ihren Absolutheitsansprüchen brechen.

Es geht darum, das grüne Paradigma gegen grüne Ideologen, ihre Hybris und ihre Irrwege zu verteidigen. Das Klimapendel darf nicht von einem Extrem ins andere schlagen. Klimaschutz muss einen Spitzenplatz in der Themen-Tabelle behalten. Dazu brauchen wir neben Leidenschaft auch Augenmaß.

2. Der Bundestag sollte ein »Sondervermögen Energiesicherheit und Klimaschutz« beschließen, damit eine ambitionierte, aber realistische Transformation der Wirtschaft zur Klimaneutralität ermöglicht wird, gleichzeitig sollte die Industrie – gerade auch die energieintensiven Industrien – gestärkt werden. Ein Sondervermögen wird nur Akzeptanz finden, wenn Klimapolitik pragmatischer wird.

Die Transformation der Wirtschaft in Richtung Klimaneutralität bleibt eine der wichtigsten Aufgaben von Gesellschaft, Staat und Wirtschaft. Vor dem Hintergrund der verfassungsrechtlich verankerten Schuldenbremse und notwendigen zusätzlichen Aufgaben z. B. in der Verteidigungspolitik sollte ein »Sondervermögen Energiesicherheit und Klimaschutz« in Höhe von etwa 300 Milliarden Euro für die nächsten 10 Jahre aufgelegt werden (zum Vergleich: Die USA haben mit dem Inflation Reduction

V.: Eine Klimapolitik mit Leidenschaft und Augenmaß

Act im gleichen Zeitraum 369 Milliarden Dollar für Klimaschutz ausgewiesen). Eine solche Kraftanstrengung wird bei uns nur dann Akzeptanz finden, wenn sie nicht eine Weiterführung der Mentalität: »Für das Klima muss immer Geld vorhanden sein« darstellt. Neue Subventionen will keiner mehr, wohl aber maßvolle Investitionen in die Zukunft. Die neue Klimapolitik muss überparteilich und pragmatisch erfolgen. Die Mittel müssen dazu dienen, unserer Industrie eine wettbewerbsfähige Transformation zu ermöglichen, z. B. durch den Ausbau der Strom- und Wasserstoffinfrastruktur (unter Nutzung der vorhandenen Gasnetze) oder durch einen Industriestrompreis zur Rettung unserer energieintensiven Industrien.

Diese Mittel sollen gezielt eingesetzt werden, um alle Potenziale unserer Forscher, Ingenieure und Unternehmer zu nutzen. Sie sollen privates Kapital mobilisieren, das bei Weitem den Hauptanteil an der Transformation tragen muss.

Die Klimabewegung muss verstehen, dass die Akzeptanz bei der Bevölkerung in dem Maße wächst, in dem sie Versorgungssicherheit, Bezahlbarkeit von Energie und wirtschaftliche Wettbewerbsfähigkeit unterstützt. Und zwar ernst gemeint: »Wirtschafts-*washing*«, also die nur rhetorische Umarmung dieser Ziele wird von den Bürgern durchschaut. Nur wenn die ideologische Verengung der bisherigen Energie- und Klimapolitik in Richtung staatliche Feinsteuerung mit ihren Verboten und bürokratischen Zwängen beendet wird und eine solide Haushaltsführung gewährleistet ist, hat eine weitere Sonderanstrengung in dieser Dimension eine Chance.

3. Mehr IRA wagen und den Kern einer marktwirtschaftlichen Klimapolitik, den Emissionshandel, im Rahmen eines Klimaclubs gleichgesinnter Länder so weit wie möglich ausweiten.

Das planwirtschaftliche Feinsteuerung, die zahllosen Detailregelungen samt ihrer Ausnahmebestimmungen, die Flut von deutschen und europäischen Fördertöpfen mit Antragsformularen, die auszufüllen kaum jemand die Zeit hat, die den Mittelstand überfordernden Kontroll- und Berichtspflichten, die kleinteiligen Sektorziele, Auslaufdaten und Verbote haben dazu geführt, dass viele die Energiewende vor allem als bedrohliches Bürokratiemonster wahrnehmen. Die Gesetzes- und Verordnungsflut in Berlin wird allerdings noch durch die der EU in den Schatten gestellt. Selbst hochspezialisierte Anwälte haben es schwer, die Brüsseler Regelungswut mit tausenden Seiten an Richtlinien, Direktiven und Delegierten Rechtsakten nachzuvollziehen. Auch in Brüssel wird zunehmend verstanden, dass wir eine Eindämmung der Regelungswut brauchen. Bitte aber nicht mit einem neuen Gesetz gegen die Bürokratie und einer neuen Behörde, die das mit neuen Berichtspflichten überprüft. Sondern einfach mit einem neuen Denkansatz, der mehr Vertrauen in die Fähigkeiten und die Verantwortung von Bürgern und Verbrauchern, Forschern, Ingenieuren und Unternehmern hat.

Der nächste EU-Energiekommissar (oder die nächste Kommissarin) sollte zu Beginn der Amtszeit den USA einen Besuch abstatten: Vom IRA lernen heißt siegen lernen! Das bedeutet mitnichten, dass wir alles nachmachen müssen. Aber im Grundsatz gilt: Klimaschutz muss sich lohnen, er soll Freude machen und Kräfte nicht fesseln, sondern entfesseln. Leitbild sollte nicht die ökosozialistische Planwirtschaft, sondern die ökologisch-soziale Marktwirtschaft sein. Die Kommission und die nationalen Regierungen setzen grundlegende Ziele und den Gesetzesrahmen, sie unterstützen mit kluger Industriepolitik das immer noch sehr leistungsfähige Netzwerk aus Firmen und Forschung. Sie setzen auf den freien Wettbewerb der Marktteilnehmer um die beste Lösung. Der klimapolitische Kern der ökologisch-sozialen Marktwirtschaft ist der Emissionshandel, maßvoll industriepolitisch flankiert und sozial abgefedert durch ein aus den Einnahmen des Handels finanziertes Klimageld.

Wichtig ist zudem die Idee des für alle Staaten offenen Klimaclubs, den Bundeskanzler Olaf Scholz Ende 2022 den G7-Staaten vorgeschlagen hatte. Wir müssen daran arbeiten, mehr und mehr Länder auf der Welt vom Emissionshandelssystem zu überzeugen und sie in einen anspruchsvollen klimapolitischen Rahmen einzubinden – ohne dass es zu Zollkriegen und unfairem Wettbewerb kommt.

4. Modernisierungs- bzw. Austauschprogramm für die 200 schlimmsten »CO_2-Schleudern« in einem gemeinschaftlichen Projekt der Industriestaaten und der Länder des globalen Südens – finanziert durch einen globalen Transformationsfonds.
Statt immer ehrgeizigere (und unrealistischere) Klimaziele für die ferne Zukunft zu proklamieren, könnte die UN-Weltklimakonferenz COP die Koordinierung einer globalen Klimakooperation übernehmen. Ein COP-Fonds zur Verminderung von Emissionen könnte in Richtung der größten Klimaverschmutzer aufgelegt und ganz konkret in die Modernisierung der Anlagen investiert werden. Dabei darf man keine ideologischen Scheuklappen anlegen. Die Taxonomie der EU, also die Klassi-

fizierung von nachhaltigen Wirtschaftstätigkeiten, darf nicht rigoristisch eine Unterstützung im Bereich von Kohle, Öl oder Gas ausschließen. Entscheidendes Kriterium muss vielmehr die durch ein Projekt konkret realisierte CO_2-Einsparung sein. Wenn etwa in Indonesien, Südafrika oder Kolumbien alte Kohlekraftwerke durch moderne Anlagen mit CCUS verbessert werden oder wenn Kohle durch Gas ersetzt wird – dann muss das auch von Weltbank, Europäischer Investitionsbank (EIB) oder der Kreditanstalt für Wiederaufbau (KfW) mit Krediten unterstützt werden dürfen. Das ist nicht die lupenreine Dekarbonisierung auf einen Schlag, aber es ist konkrete CO_2-Minderung – und zwar dort, wo die Hebelwirkung am größten ist. Es geht nicht um alles oder nichts, sondern um konkrete Schritte zur Dekarbonisierung. Allerdings darf eine solche Initiative nicht als europäische oder westliche daherkommen. Sie muss von Beginn an, etwa durch die bevorstehenden COP-Präsidentschaften in Aserbaidschan oder Brasilien behutsam begonnen werden.

Die vorherrschende eurozentristische Sicht auf die Energiewende muss einer globalen Betrachtung weichen. Wir sollten uns in Deutschland und Europa realistische Ziele setzen, die uns herausfordern und die unsere Kräfte mobilisieren. Aber wir müssen bedenken, dass wir das Klima selbst bei größten Anstrengungen nicht in erster Linie bei uns retten. Es kommt darauf an, den Blick dafür zu öffnen, wo die vorhandenen finanziellen Möglichkeiten die größte Hebelwirkung erzeugen. Die Pose des eitlen Musterknaben, der voranschreitet, sich ob seiner vermeintlichen Leistung selbst auf die Schulter klopft, beeindruckt niemanden auf der Welt. So wird man nicht Vorreiter, sondern Außenseiter.

5. Ersetzung der »Zieleritis« durch konkretes Handeln. Das Pariser Abkommen hat anspruchsvolle und realistische Ziele gesetzt. Die Politik sollte zeigen, dass sie diesen näherkommt, nicht aber ständig draufsatteln und nicht den nationalen Musterknaben geben.

Ziele sind dann gut, wenn sie ehrgeizig, aber auch realistisch sind. Wenn sie knapp verfehlt werden – kein Problem, dann wird es eben ein oder zwei Jahre später geschafft! Wenn aber die Ziele kaum erreichbar erscheinen, mobilisieren sie keine Kräfte, sondern führen bestenfalls zu achselzuckender Nichtbefolgung, eher zu Verbissenheit, Panik oder frustrierter Abwendung. Das Pariser Abkommen gibt als Ziel vor, die Erdtemperatur »deutlich unter 2 Grad über dem vorindustriellen Niveau« zu erhalten und »Anstrengungen zu unternehmen«, den Temperaturanstieg auf 1,5 Grad zu begrenzen. Daraus haben Klimaaktivisten und teilweise auch Politiker ein verbindliches 1,5-Grad-Ziel gemacht. Aber die 1,5 Grad waren nie realistisch. Inzwischen sagen das auch viele Klimawissenschaftler. Mojib Latif etwa, das Gegenteil eines »Klimaleugners«, hält das 1,5-Grad-Ziel für »unrealistisch und kontraproduktiv« (25.11.2023). Es hilft nicht, diese Marke immer wieder zu proklamieren und die Lautstärke der Forderung als gelebten Klimaschutz auszugeben. Die 2 Grad zu unterschreiten: Das sollte dagegen gerade noch möglich sein!

Die Bundesregierung – wer immer sie stellt – wäre klug beraten, sich auch von dem überambitionierten und teuren Ziel, fünf Jahre früher als die EU (statt 2050 schon 2045) klimaneutral zu sein, zu verabschieden. Das EU-Ziel für sich ist schon ehrgeizig genug. Die Große Koalition unter Angela Merkel wollte etwas Gutes tun und voranschreiten – hat aber übersehen, dass hier eine Kostenlawine losgetreten wird und unsere Unternehmen in einen Wettbewerbsnachteil geraten. Das gilt in der Folge auch für manche der Sektor- und Ausbauziele, von errichteten Solarparks über die Zahl der Wärmepumpen bis hin zur Zahl der Elektroautos oder Ladesäulen. Es muss überprüft werden, ob sie realistisch sind oder nicht früher oder später zum Zusammenbruch von gut gemeinten Transitions- und Ausbaupfaden führen. Vieles erscheint einfach überambitioniert. 2024 verfügt Deutschland z. B. über 8,5 GW installierte Offshore-Windkapazität. Ist es wirklich realistisch, 40 GW für 2035 als Ziel festzulegen – angesichts steigender Kosten, Engpässe bei Konverterplattformen, Installationsschiffen, schleppendem Hafenausbau und fehlender Facharbeiter?

Wenn wir den europäischen Emissionshandel, der bisher gut funktioniert, als Grundlage nehmen, dann brauchen wir keine zusätzlichen Sonderwege, die den Wettbewerb in Europa verzerren und uns Deutsche viel Geld kosten. Langfristige Zielproklamationen sind wohlfeil. Von den heute Regierenden kann in zehn Jahren kaum jemand mehr zur Verantwortung gezogen werden. Auch die Kommunalpolitiker, die im Übereifer sogar 2035 ausrufen, werden in den meisten Fällen dann nicht mehr im Amt sein, um für die Probleme und Mehrkosten geradestehen zu müssen.

Das zentrale Argument gegen eine Zielkorrektur liegt in der Sorge vor Verunsicherung der Marktteilnehmer. Das ist in der Tat ein Problem. Aber die Verunsicherung ist im Zweifel größer, wenn jeder spürt, dass die Zielmarke unrealistisch ist. Ein moderates Nachjustieren bedeutet nicht die Aufgabe von Berechenbarkeit einer Gesamtlinie oder der Ambition zum Klimaschutz.

6. Solar- und Windkraft sind und bleiben im Zentrum der Energiewende. Aber Klimapolitik darf nicht auf den Ausbau der Erneuerbaren beschränkt werden. Wasserstoff ist der zweite große Pfeiler, damit zusammenhängend auch E-Fuels, synthetisches Methan, Biogas und Biotreibstoffe, der globale Einsatz von CCS und CCU sowie unbedingt auch die neue Generation von Kernkraft und die Kernfusion.

Das auf der COP 28 in Dubai ausgegebene Ziel, die installierte Leistung der erneuerbaren Energien bis zum Ende des Jahrzehnts zu verdreifachen, ist ehrgeizig, aber machbar. Die Zahl sagt aber noch wenig über den tatsächlichen Nutzen für den Energiemix aus, denn kostenträchtiger und komplexer als die Solar- und Windparks selbst ist der Bau der Übertragungs- und Verteilnetze sowie die Fähigkeit, die fluktuierende Leistung der Erneuerbaren in das jeweilige Energiesystem zu integrieren. Die Erneuerbaren sind der Kern der globalen und europäischen Energiewende, allerdings ist die Gleichsetzung der Transformation mit dem Ausbau der Erneuerbaren ein gravierender Irrtum.

Zehn Forderungen

1. Sauberer Wasserstoff als gleichwertiger Träger der Energiewende muss noch mehr ins Zentrum zu rücken. Dabei darf der Blick nicht auf grünen Wasserstoff verengt werden, wenn der Hochlauf gelingen soll. Gerade blauer Wasserstoff (also mit CO_2-Abscheidung) wird in der Übergangsphase eine zentrale Rolle spielen. Bis grüner Wasserstoff bezahlbar und in großen Mengen für die Industrie, für die Stromerzeugung und vielleicht auch für Wärmemarkt oder Mobilität zur Ver-

fügung steht, ist der Weg lang und voller Herausforderungen. Aber er ist alternativlos, wenn wir Erdgas als Energieträger mittelfristig ersetzen wollen.

2. Eine Grüngasquote für sauberen Wasserstoff und Biogas sollte so schnell wie möglich eingeführt werden, um Anreize für Investitionen in grüne Gase zu schaffen und die grünen Moleküle im Erdgasnetz schrittweise anwachsen zu lassen.

3. Eine großartige Möglichkeit zum Grünen des Gasnetzes – bei gleichzeitigem Erhalt der volkswirtschaftlich wertvollen Gasinfrastruktur – bietet das aus erneuerbaren Energien plus CO_2 hergestellte synthetische Methan, auch E-Gas genannt.

4. Aus erneuerbaren Energien gewonnene synthetische Kraftstoffe, E-Fuels, sind die beste Lösung, den Schiffs- und Flugverkehr zu dekarbonisieren, werden aber auch auf der Straße benötigt, vor allem um die Bestandsflotten in Europa und der Welt allmählich zu dekarbonisieren. Das faktische Verbrennerverbot der EU muss so schnell wie möglich fallen: Es ist nicht der Motor, der für das Klima schädlich ist, sondern der fossile Kraftstoff. Wenn dieser grün wird, wird er zu einer sinnvollen Ergänzung im Lasten- und Personenverkehr.

5. Generell muss die einseitige Konzentration auf Elektromobilität überwunden werden. Ihr gehört, vor allem in den Großstädten, die Zukunft. Wie stark aber auch andere Kraftstoffe und Antriebe eine Rolle spielen, sollten nicht die Politiker entscheiden: E-Fuels, Bio-LNG, Agrardiesel, Brennstoffzelle oder Wasserstoff (u. a.) sind weitere Optionen, über deren Stärke der Markt entscheiden soll.

6. Wir benötigen so schnell wie möglich international verbindliche Standards und Zertifizierungsmechanismen über das, was als grün gilt. Es geht um Nachhaltigkeits- und Quali-

tätskriterien mit klaren Angaben zur Anrechnung der im außereuropäischen Ausland produzierten Kraftstoffe in den Klimabilanzen. Die europäischen Regeln dafür dürfen nicht dazu führen, dass die im Sonnen- und Windgürtel der Erde produzierten Kohlenwasserstoffe an uns vorbeigehen.

7. Carbon Capture Storage (CCS) und vor allem Carbon Capture Utilization (CCU) gehören ins Zentrum der Klimapolitik. Leider war für Deutschland lange die Legalisierung von Cannabis wichtiger als die Legalisierung der CO_2-Abscheidung (ich bitte um Entschuldigung für die kleine Polemik). Ohne CCUS können wir wichtige Industrien nicht dekarbonisieren. CO_2 sollte aber zunehmend auch als wichtiger Rohstoff angesehen werden, der bei der Produktion von E-Fuels und E-Gas notwendig wird, der als Düngemittel oder in fester Form als Baustoff Verwendung finden kann. Entscheidend ist, dass das CO_2 nicht in die Atmosphäre gelangt.

8. CCS und CCU sollten – vor allem außerhalb Europas – auch bei der Stromproduktion in Kraftwerken eingesetzt werden können. In China, Indien oder Südafrika und den meisten Schwellenländern wird man noch bis tief hinein in das 21. Jahrhundert Kohle, Erdgas und Öl verbrennen. Alle Predigten von Klimaschützern werden daran nichts ändern. Dann doch besser mit CCS als ohne.

9. Wir erleben eine globale Renaissance der Kernkraft durch Minireaktoren und neue Formen der Wiederaufarbeitung hochradioaktiver Brennstoffe etwa durch Partition&Transmutation. Mit P&T könnte Deutschland auf das geplante (und kaum zu realisierende) Riesenendlager verzichten. Unser Land darf sich gegenüber den neuen Entwicklungen im Nuklearbereich nicht isolieren. Wir haben heute im Nuklear-

bereich keine technologische Vorreiterposition mehr, aber wir sollten die modernen Entwicklungen kennen und beurteilen können – und ggf. unsere immer noch vorhandenen Kompetenzen einbringen. Die trotzige Verweigerungshaltung, die Berlin bisher einnimmt, ist verantwortungslos.

10. Bei der Kernfusion sollte die in Deutschland vorsichtig begonnene Unterstützung – in Kooperation mit der EU – mit einer an die Erreichung konkreter Meilensteine gebundenen Forschungsförderung verbunden und vorausschauend eine Regulierung auf die Spur gesetzt werden. Wenn es – wie die wachsende Zahl von Fusions-Start-ups vorhersagt – gelänge, in den nächsten zehn Jahren die Kernfusion aus dem Forschungsstadium herauszubringen und zu kommerzialisieren, wäre sie ein klimapolitischer Gamechanger.

Vor einigen Monaten habe ich – aufgrund einer Erwähnung in dem Buch *1913. Der Sommer des Jahrhunderts* von Florian Ilies (2012) – einen der erfolgreichsten europäischen Bestseller aus dem Jahr 1913 gelesen: *Der Tunnel* von Bernhard Kellermann. Ein Ingenieur hegt den Plan, einen Eisenbahntunnel unter dem Atlantik zu bauen, um die langwierigen Schifffahrten abzukürzen. Er sammelt Geld von Investoren und beginnt schließlich mit dem Bau des kühnen Projektes, das durch technische Schwierigkeiten, Unfälle und Streiks zu einer 26-jährigen Bauzeit führt. Als der Tunnel fertig ist, muss er erkennen, dass ihn »die Zeit überholt hat«. Inzwischen gibt es Riesenluftschiffe und »Flugmaschinen«. Die Luftfahrt, zu Beginn der Bauarbeiten nicht bekannt, macht den Tunnel obsolet.

Niemand weiß, welche neuen Erfindungen und Entwicklungen die Technik in den nächsten 20 Jahren hervorbringen wird.

Warum sollte es nicht Durchbrüche bei Wasserstoff, Speichertechnik, bei Direct Air Capture oder CCUS geben, warum keine Quantensprünge bei der Fertigung von nuklearen Kleinreaktoren oder der Kernfusion? Oder etwas, was wir uns noch gar nicht vorstellen können? Nicht zuletzt könnte der Einsatz künstlicher Intelligenz, deren enormes Potential wir gerade erahnen, einen Quantensprung im Kampf gegen den Klimawandel ermöglichen.

Die Erkenntnis Hölderlins ist schon so oft zitiert worden – sie bleibt richtig und sollte gerade im Angesicht des Klimawandels zuversichtlich stimmen: »Wo aber Gefahr ist, wächst das Rettende auch.«

Anhang

Grundkonsens in Deutschland bis 2022: Nord Stream 2

Erklärung als Sachverständiger vor dem Untersuchungsausschuss des Landtages von Mecklenburg-Vorpommern, Schwerin, 10.3.2023

Herr Vorsitzender, meine Damen und Herren Abgeordnete,

herzlichen Dank für die Einladung hier in Schwerin, im Landtag von Mecklenburg-Vorpommern, als Sachverständiger vortragen zu dürfen. Die Befragung heute zielt auf eine »umfassende, sachliche Darstellung der Begründung für den Bau der Pipeline Nord Stream 2 und der Auswirkungen auf die Versorgungssicherheit der Bundesrepublik Deutschland«.

Mein Zugang zu diesem Thema begründet sich aus verschiedenen Tätigkeiten in Politik, Wirtschaft und Wissenschaft, also aus ganz unterschiedlichen Perspektiven: durch meine Arbeit als Bundestagsabgeordneter, meine akademische Tätigkeit als Gastprofessor und Direktor des European Centre for Climate, Energy and Resource Security (EUCERS) am King's College London und meine Tätigkeit als Unternehmensberater ab 2009.

- Als Politiker habe ich mich ab 2002 immer wieder mit dem Thema der Energiesicherheit beschäftigt und z. B. schon 2005 die Diversifizierung unserer Gasversorgung angemahnt.

- Am King's College London haben wir nach der ukrainisch-russischen Gaskrise verschiedene Studien und Veranstaltungen zu wesentlichen Fragen der europäischen Energiesicherheit durchgeführt: Nabucco, Trans Adriatic Pipeline (TP), die Bedeutung der US-Shale Gas-Revolution, mögliche alternative Gasbezugsmöglichkeiten aus Israel oder der kurdischen Autonomieregion des Irak, LNG und Nord Stream 2.
- Als Unternehmensberater bin ich u. a. mit den Projekten Trans Adriatic Pipeline, Nord Stream 2, LNG Terminal Stade mandatiert gewesen. Ferner bin ich mit den Central Europe Energy Partners (CEEP) in Warschau und Brüssel mit verschiedenen internationalen Energieprojekten – z. B. LNG – befasst gewesen.
- Ich bin weiter Mitverfasser einer Studie für das Atlantic Council der USA zum Thema eines Gas Nord-Süd-(Gas)Korridors in Europa gewesen: LNG-Terminals, Speicher, zwischenstaatliche Verbindungs-Pipelines, »Reverse Flow« usw. Dabei war es das Ziel, die Energiesicherheit Europas zu erhöhen.
- 2021 bin ich schließlich in die Funktion des Aufsichtsratsvorsitzenden von Zukunft Gas gewählt worden, einem Verband von ca. 135 Unternehmen entlang der Wertschöpfungskette Gas und Wasserstoff.

Die Notwendigkeit zusätzlicher Gasimportquellen für die EU-Staatengemeinschaft wird im EU-Referenzszenario 2016 deutlich. Es wurde im Auftrag der Europäischen Kommission erstellt. Es ist eben nicht eine Firma oder ein Verband, der hier seine Prognose abgibt, sondern die EU. Das Referenzszenario ist die damals grundlegende Analyse für die Zukunft der europäischen Energieversorgung.

Kernpunkt des EU-Referenzszenarios ist die Feststellung, dass der Gasbedarf in der EU bis 2050 im Wesentlichen stabil bleibt (430 Milliarden Kubikmeter 2015, 420 Milliarden 2050). Zu der Zeit gab es andere Szenarien, die sogar eine Steigerung des Gasverbrauchs in der EU vorhersagten, z. B. von der Internationalen Energieagentur (IEA). Auch der angesehene IHS in London sah ein Wachstum des Gasverbrauchs in der EU voraus.

In diesem Zusammenhang identifizierte das Szenario eine Importlücke von Gas ab dem Jahr 2020. Diese Importlücke würde bis 2050 signifikant wachsen. Gasimportlücke definiert sich als das Delta zwischen dem Niveau des Gesamtbedarfs an Gas und einer sinkenden Eigenproduktion von Gas. Die EU-Eigenproduktion – vor allem Niederlande, Großbritannien, auch Deutschland – werde erheblich zurückgehen. Zusätzlich wurde allgemein davon ausgegangen, dass sich bis zur Mitte des Jahrhunderts auch die Gaslieferungen aus Libyen und Algerien vermindern würden, die norwegischen Lieferungen bestenfalls gleich blieben. Lediglich über die Trans Adriatic Pipeline (TAP) würde ab ca. 2020 zusätzliches Gas (aus dem Kaspischen Meer) nach Europa gelangen. Die Unterversorgung an Gas, die Importlücke, würde demnach kontinuierlich steigen. Die Annahmen über die Größe dieser Versorgungslücke variierten, der Branchenverband Zukunft Gas e. V. sah sie bei ca. 120 Milliarden Kubikmetern.

Nun mag man einwenden, dass diese Szenarien erarbeitet wurden, bevor die EU mit dem Green Deal drastische Maßnahmen zur Dekarbonisierung beschloss, die in den meisten EU-Staaten ihre Entsprechung fanden. Aber es ist hier und heute unsere Aufgabe, die damalige Situation zugrunde zu legen. Außerdem sei der Hinweis erlaubt, dass die Szenarien über eine Versorgungslücke besonders vor dem Hintergrund des nach der Katastrophe von Fukushima 2011 beschlossenen Atomausstiegs, des unbedingten Willens zur Beschleunigung des Kohleausstiegs sowie des De-facto-Verbots von Carbon Capture Storage (CCS) und Fracking in Deutschland zusätzliche Plausibilität erhalten.

Man könnte außerdem argumentieren, dass die zusätzlichen Importmengen an Gas ja nicht notwendigerweise aus Russland kommen mussten. In der Tat hat die EU richtigerweise viel getan, um sich nach der ukrainisch-russischen Gaskrise 2009 um die Diversifizierung der Gasbezüge zu kümmern. Diese Diversifizierung war auch für mich in meiner Arbeit am European Centre for Climate, Energy and Resource Security (EUCERS), King's College London von großer Bedeutung. Gemäß des von Churchill schon 1913 formulierten Grundgesetzes der Energiesicherheit, die in der Vielfalt liege: »variety and variety alone«. Das stellte eine Art Leitschnur unserer Arbeit dar. Eines der erfolgreichen Diversifikationsprojekte ist die bereits erwähnte Pipeline TAP, die inzwischen 10 Milliarden km^3 von Aserbaidschan über die Türkei, Griechenland, Albanien und Italien nach Mitteleuropa bringt. Die Europäer versuchten außerdem durch den Bau von Speichern, Verbindungsleistungen, die Möglichkeit des *reverse flow* von Gas, vor allem mit neuen LNG-Terminals mehr Energiesicherheit in Europa zu schaffen, Letzteres allerdings mit begrenztem Erfolg: Das starke Wirtschaftswachstum und die dadurch bedingte starke Gas-Nachfrage in Asien – in China z.B., aber auch in Japan, das Ersatz für seine nach Fukushima abgeschalteten AKW benötigte – führten dazu, dass z.B. das durch Fracking *(hydraulic fracturing)* in den USA seit Anfang der Zehner Jahre gewonnene zusätzliche Gas in Form von LNG dorthin – und nicht nach Europa – ging. In Asien konnten die US-Firmen deutlich höhere Gewinne erzielen. Im liberalisierten Gasmarkt in Europa hatte LNG aus den USA nur begrenzte Chancen, sich preislich gegen Pipelinegas aus dem viel näheren Russland zu behaupten. Selbst wenn man von einem wachsenden LNG-Import ausging, war das bei Weitem nicht genug, die beschriebene Importlücke auszugleichen.

Aufgrund der beschriebenen Importlücke war der europäische Gasmarkt damals jedenfalls von großem Interesse für Gasexportländer auch außerhalb Russlands. Ich erinnere mich an Dutzende Gespräche mit US-Firmen, die gerne nach Europa liefern wollten, aber kaum eine Chance sahen, dies zu wettbewerbsfähigen Preisen tun zu können.

Ich habe schon 2005 – z. B. in einem Artikel in der *Financial Times Deutschland* am 8. März – darauf hingewiesen, dass eine Fixierung auf russische Gasimporte gefährlich sei. Ausnahmsweise sei es erlaubt, sich selbst zu zitieren: »So wichtig und sinnvoll eine Energieallianz Deutschlands mit Russland ist, kann diese nicht außer Acht lassen, dass Russland den Energiehandel als potenzielles Druckmittel gegenüber abhängigen Staaten versteht.« – In diesem Zusammenhang forderte ich neben der Energiepartnerschaft mit Russland auch eine »Diversifizierung von Importen« und deshalb den Bau eines LNG-Terminals in Wilhelmshaven, das nun – 17 Jahre später – endlich existiert.

Da der Wind nicht immer weht und die Sonne nicht immer scheint, benötigen wir trotz des gewaltigen Zubaus an Erneuerbaren immer auch eine Grundlastfähigkeit: Im Laufe der Zeit wurden das immer weniger Atomkraft und Kohle und immer stärker Gas.

In Deutschland und Europa haben viele erst nach dem russischen Angriffskrieg gegen die Ukraine, den Lieferbeschränkungen, den drastisch steigenden Preisen und dem Anschlag auf die Nord

Stream Pipelines erkannt, wie wichtig die Gasversorgung für Wirtschaft und Gesellschaft in Deutschland ist. Einige Beispiele:

- Die Hälfte aller Wohnungen in Deutschland haben Gasheizungen, 46 Prozent der Wärme wird mit Gas erzeugt.
- Bei der Stromerzeugung liegt der Gasanteil bei 9 bis 12 Prozent, wobei wir hier im Zuge der Elektrifizierung durch Wärmepumpen und durch die E-Mobilität einen zunehmenden Bedarf sehen werden.
- Mit 31,2 Prozent am Gesamtverbrauch ist Gas der wichtigste Energieträger der Industrie.
- 90 Prozent der Krankenhäuser in Deutschland nutzen Gas zur Wärmeversorgung.
- Gas ist die essenzielle Grundlage für die moderne Landwirtschaft, die Lebensmittelproduktion und Arzneimittelversorgung. Gas ist nicht nur Energieträger, sondern auch ein zentraler Rohstoff, etwa in der chemischen Industrie.

Warum ist Deutschland z. B. trotz hoher Arbeitskosten so konkurrenzfähig, jedenfalls bis vor Kurzem? Warum sind wir vergleichsweise gut durch die Finanzkrise 2008 gekommen? Das hat sehr viel mit der seit 50 Jahren verlässlichen Gasversorgung aus Russland zu tun. Heute, nach dem Überfall Putin-Russlands auf die Ukraine sind wir alle klüger. Aber wir stellen die Frage nach der Sicht von 2015.

Auch damals gab es schon kritische Stimmen, nicht zuletzt vor dem Hintergrund der Besetzung der Krim durch Russland. Aber es gab in Deutschland einen verbreiteten Grundkonsens, dass wir trotzdem die Energiepartnerschaft mit Russland ausbauen sollten. Im Plenarprotokoll des Bundestages 19/79 heißt es, dass in einer aktuellen Stunde am 13.2.2019 »mit Ausnahme der Grünen« alle Redner Nord Stream 2 als »wichtigen Beitrag zur Versorgungssicherheit Europas« würdigten. Es gab in Deutschland damals einen breiten Grundkonsens, dass wir die Energiepartnerschaft mit Russland pflegen und ausbauen sollten. Laut einer Forsa-Umfrage im Auftrag von RTL vom Januar 2017 hielten 73 Prozent der Deutschen den Bau von Nord Stream 2 für richtig. Gar 91 Prozent der Deutschen bezeichneten die Drohungen der US-Regierung mit Sanktionen gegenüber den am Bau beteiligten Firmen als »ungewöhnlich und ungehörig«.

Rückblickend erklärte die ehemalige Bundeskanzlerin Angela Merkel in der *Berliner Zeitung* vom 18.6.2022: »Die deutsche Wirtschaft hatte sich damals für einen leitungsgebundenen Gastransport aus Russland entschieden, weil das ökonomisch billiger war als Flüssiggas aus Saudi-Arabien, Katar, den Vereinigten Arabischen Emiraten und später auch aus den USA. Bis zum letzten Tag meiner Amtszeit baute kein Unternehmen einen LNG-Terminal in Deutschland, weil sich kein Importeur fand, der wegen des hohen Preises im Voraus langfristige Kapazitäten gebucht hätte.«

Eine abschließende Bemerkung: Der frühere deutsche Botschafter in Russland Rüdiger von Fritsch, den Sie aus den Talkshows als harten Kritiker des russischen Angriffskrieges gegen die Ukraine kennen, hat sich in seinem Buch *Russlands Weg. Als Botschafter in Moskau* von 2020 sehr differenziert mit Nord Stream 2 auseinandergesetzt. Es sei nicht auszuschließen, dass Gas als Druckmittel eingesetzt wird, aber es gebe doch »Plausibilitäten, die sich aus ökonomischen Faktoren ableiten und dies eher unwahrscheinlich erscheinen lassen«. – Dann weist er auf die verlässlichen Gaslieferungen Russlands hin, selbst in den Hochzeiten des Kalten Krieges: »Westeuropa bezieht zwar mehr als 30 Prozent seines Gases aus Russland – doch Russland verkauft 70 Prozent seines Gases nach Westeuropa.« – Die Abhängigkeit Russlands von Exporten von Öl und Gas wachse weiter. Mit anderen Worten: Es gebe eine gegenseitige Abhängigkeit, die seit einem halben Jahrhundert die Grundlage der Energiepartnerschaft bilde. Diese Überzeugung hat wesentlich dem Grundkonsens für eine Energiepartnerschaft mit Russland zugrunde gelegen.

Diese Energiepartnerschaft mit Russland hat über ein halbes Jahrhundert gehalten und wir verdanken ihr einen nicht geringen Teil unseres Wohlstandes, auch ein Mehr an Sicherheit im Kalten Krieg. Vielleicht lernen wir aus dem Februar 2022, dass die Interdependenz der Abhängigkeit, dass industrielle Zusammenarbeit und Handel zwar den Frieden in vielen Situationen stabilisieren können, dass sie aber hinweggefegt werden, wenn plötzlich als größer empfundene Ängste, Interessen, nationalistische oder ideologische Ziele dominant werden. Unser Fehler in der Rückschau war, dass wir glaubten, was 50 Jahre hält, hält auch 100 Jahre, dass sich die meisten von uns – trotz mancher Warnung – nicht vorstellen konnten, dass eine so fruchtbare Zusammenarbeit plötzlich so brutal beendet wurde.

Personenverzeichnis

A

Albrecht, Hans 108
Aldag, Nils 139
al-Jaber, Sultan Ahmed 93 f.
Altmaier, Peter 153
Altman, Sam 176
Alverà, Marco 125
Andreae, Kerstin 15, 127
Augstein, Rudolf 62

B

Baerbock, Annalena 77, 84
Barzel, Rainer 33
Beck, Marieluise 143
Bergmann, Jörg 138
Bergt, Bengt 142
Binderbauer, Michl 186
Birol, Fatih 160
Blume, Markus 189
Blume, Oliver 156
Böckler, Hans 31
Bojanowski, Axel 101
Brandis, Ruprecht 15
Brandt, Willy 31 ff.
Bruch, Christian 15, 153
Brudermüller, Martin 12
Bütikofer, Reinhard 44

C

Chatzimarkakis, Jorgo 141
Christmann, Anna 191
Chu, Steven 83
Churchill, Winston 218
Claussen, Martin 56

D

Damasky, Joachim 149
Deist, Heinrich 31
Dudenhöffer, Ferdinand 155
Dutschke, Rudi 45 f.

E

Ehler, Christian 198

F

Fischedick, Manfred 24
Fischer, Franz 122
Fischer, Joschka 36, 44, 48
Flasbarth, Jochen 121
Fleischhauer, Jan 52
Freund, Heike 199
Fritsch, Rüdiger von 221
Fücks, Ralf 44, 143

G

Gäb, Hans Wilhelm 157
Graichen, Patrick 138
Grimm, Veronika 97
Großmann, Jürgen 111, 119
Gruhl, Herbert 33 ff.
Grundmann, Oliver 142

H

Habeck, Robert 15, 23 ff., 48, 100, 110, 118, 129, 191
Harari, Yuval Noah 69
Harings, Roland 139
Harvey, Hal 101
Hasselmann, Klaus 43
Hatakka, Tuomo 111, 119
Heinen-Esser, Ursula 178
Helfrich, Mark 142
Hendry, Charles 186
Herrmann, Florian 189
Herrmann, Ulrike 48 ff.
Hickel, Jason 50
Höhne, Niklas 24
Hölderlin, Friedrich 214
Holland, Andrew 192
Hoyer, Martin 87
Hübl, Philipp 21

Hutchinson, Mark 93
Hüttl, Reinhard 108

I
Ilies, Florian 213

J
Jarzombek, Thomas 188
Johannes der Täufer (bib.) 40

K
Kaeser, Joe 97
Kehler, Timm 127
Keilhacker, Martin 184
Kellermann, Bernhard 213
Kelly, Petra 33
Kerry, John 92
Kershaw, Ian 40
Kiene, Lorenz 154
Klatten, Susanne 108
Klinger, Thomas 190
Knopf, Brigitte 75
Knutti, Reto 56
Kohl, Helmut 37
Kretschmann, Winfried 44, 165
Kümpel, Hans-Joachim 113 f.

L
Lange, Franziska 15
Latif, Mojib 57 ff., 208
Latour, Bruno 50
Laukien, Frank 194
Lenton, Timothy M. 55
Leyen, Ursula von der 13, 159
Linke, Gerald 127
Lomborg, Bjørn 67
Lösch, Holger 77

M
Marotzke, Jochem 56
Merk, Bruno 182
Merkel, Angela 70, 72, 111, 164 f., 208, 221
Morgan, Jennifer 114

Müller, Hildegard 151
Müller, Michael 178

N
Nachtwei, Winfried 44
Neubauer, Luisa 76
Noah (bib.) 39

O
Obama, Barak 83
Obrist, Frank 107, 123
Oettinger, Günther 186

P
Pareto, Vilfredo 86
Pawelski, Rita 34
Pflüger, Friedbert 15, 36, 46
Pflüger, Sibylle 16
Pieper, Markus 98 f.
Poecke, Marcel van 125
Poecke, Paul van 124
Popper, Karl 42
Putin, Wladimir 94

R
Rahmstorf, Stefan 55
Reiche, Katherina 129
Reiter, Janusz 84
Rhein, Boris 165, 188, 197
Rimkus, Andreas 142
Rockström, Johan 55
Roth, Markus 196
Rubbia, Carlo 182
Ruck, Christian 108
Ruf, Yvonne 92

S
Sabatier, Paul 123
Sager, Krista 44
Schäuble, Wolfgang 35
Schellnhuber, Hans Joachim 55 f., 58 ff.
Schmidt, Jens 125
Schneider, Uwe 108

Scholz, Olaf 27, 206
Schröder, Gerhard 163
Schulz, Nikolaj 50
Sciortino, Francesco 198
Servan-Schreiber, Franklin 183
Siersdörfer, Dietmar 91
Skea, Jim 57
Skudelny, Judith 99
Söder, Markus 179, 189
Stark-Watzinger, Bettina 188, 195
Steingart, Gabor 62
Stevens, Bjorn 57
Stocker, Thomas 56
Storch, Hans von 43 f., 59
Strasser, Peter 109

T

Taneja, Narendra 120
Theyssen, Johannes 164
Thunberg, Greta 40 f., 47
Töpfer, Klaus 15, 36 f.
Trittin, Jürgen 45, 163 f.
Tropsch, Hans 122

U

Urban, Simon 61

V

Vandermeiren, Jacques 116
Voigt, Alexander 140

W

Wallmann, Walter 37
Wankel, Felix 123
Weizsäcker, Richard von 33
Wetzel, David 101
Wietfeld, Axel 93
Wüster, Hans-Otto 184

Z

Zeh, Juli 61
Zipse, Oliver 156

Anhang

Anmerkungen

In diesem Buch werden hauptsächlich direkte Zitate und weniger bekannte Informationen belegt. Auf die Nennung von Quellen für leicht überprüfbare oder allgemein bekannte Fakten wurde zugunsten der Lesefreundlichkeit verzichtet.

Persönliche Vorbemerkung

1   Vgl. www.energiegespraech.de.

I. Einleitung: Das drohende Scheitern der Klimapolitik

1   Energy Institute. (2023). Statistical Review of World Energy. https://www.energyinst.org/__data/assets/pdf_file/0004/1055542/EI_Stat_Review_PDF_single_3.pdf.
2   IEA (2023). Coal Market Update – July 2023. IEA. Paris. https://www.iea.org/reports/coal-market-update-july-2023.
3   Kummerfeld, C. (2024). Deindustrialisierung: 94 Milliarden Euro Nettoabflüsse an Investitionen in 2023. Finanzmarktwelt. https://finanzmarktwelt.de/deindustrialisierung-94-milliarden-euro-nettoabfluesse-an-investitionen-in-2023-304313/.
4   Bundesministerium für Umwelt, Naturschutz, nukleare Sicherheit und Verbraucherschutz (BMUV) und Umweltbundesamt (UBA). (2023). Umweltbewusstsein in Deutschland 2022 – Ergebnisse einer repräsentativen Bevölkerungsumfrage. https://www.umweltbundesamt.de/sites/default/files/medien/3521/publikationen/umweltbewusstsein_2022_bf-2023_09_04.pdf.
5   Pflüger, F. (2023). IRA – Klimawunderland USA? – Amerika könnte Europa mit dem Inflation Reduction Act (IRA) überholen. Clean Energy Forum. https://www.clean-energy-forum.org/de/studien/ira-klimawunderland-usa.
6   Gründler, K., Heil, P., Potrafke, N., & Wochner, T. (2023). ifo Institut; Economic Experts Survey – Evaluating Global Economic Policy Worldwide. https://www.ifo.de/node/79743. Vgl. Economist (17. August 2023), Is Germany once again the sick man of Europe?
7   Harthan, R. O. et al. (2023). Umweltbundesamt (UBA), Projektionsbericht 2023 für Deutschland. https://www.umweltbundesamt.de/sites/default/files/medien/11850/publikationen/39_2023_cc_projektionsbericht_12_23.pdf. Expertenrat für Klimafragen (ERK). (2023, 22. August). Prüfbericht 2023 für die Sektoren Gebäude und Verkehr: Prüfung der den Maßnahmen zugrunde liegenden Annahmen gem. Åò 12 Abs. 2 Bundes-Klimaschutzgesetz. https://expertenrat-klima.de/content/uploads/2023/09/ERK2023_Stellungnahmezum-Entwurf-des-Klimaschutzprogramms-2023.pdf.

8 Bundesrechnungshof. (2024). Bericht nach § 99 BHO – zur Umsetzung der Energiewende im Hinblick auf die Versorgungssicherheit, Bezahlbarkeit und Umweltverträglichkeit der Stromversorgung. https://www.bundesrechnungshof.de/SharedDocs/Downloads/DE/Berichte/2024/energiewende-volltext.pdf?__blob=publicationFile&v=4.
9 Klein, O., & Stramm, A. (2024). Was ist dran an Habecks Klimazahlen? Zdfheute. https://www.zdf.de/nachrichten/politik/klima-klimaziele-habeck-umweltbundesamt-co$_2$-100.html.

II. Siegeszug des grünen Paradigmas

1 Gruhl, Herbert (1975). Ein Planet wird geplündert. Die Schreckensbilanz unserer Politik. Frankfurt am Main: S. Fischer Verlag.
2 Schäuble, W. (2024). Erinnerungen. Mein Leben in der Politik. Stuttgart: Klett-Cotta.
3 Pflüger, F. (1992). Ein Planet wird gerettet. Eine Chance für Mensch, Natur, Technik. Düsseldorf: Econ Verlag.
4 Ebd., S. 10 f.

III. Die Gefährdung des grünen Paradigmas – Irrwege, Hybris und Ideologisierung der Klimabewegung

1 Popper, K. R. (1945). Die offene Gesellschaft und ihre Feinde.
2 Storch, H. von (2023). Der Mensch-Klima-Komplex. Was wissen wir? Was können wir tun? Zwischen Dekarbonisierung, Innovation und Anpassung, S. 119.
3 Rada, U. (2018). Die Grünen und Dutschke. taz. https://taz.de/Berliner-Wochenkommentar-II/!5495725/.
4 Pflüger, F. (2023). Kein Eiferer, sondern ein Demokrat. Die Weltwoche. https://weltwoche.de/daily/kein-eiferer-sondern-ein-demokrat/.
5 Vgl. Langguth, G. (1984). Der grüne Faktor. Von der Bewegung zur Partei?. Zürich: Ed. Interfrom.
6 Herrmann, U. (2022). Das Ende des Kapitalismus. Warum Wachstum und Klimaschutz nicht vereinbar sind – und wie wir in Zukunft leben werden. Köln: Kiepenheuer & Witsch.
7 Leipprand, E., Hickel, J. & Göpel, M. (2022). Weniger ist mehr. Warum der Kapitalismus den Planeten zerstört und wir ohne Wachstum glücklicher sind (1. Aufl.). München: oekom verlag.
8 Latour, B. & Schultz, N. (2022). Zur Entstehung einer ökologischen Klasse. Ein Memorandum. Berlin: Suhrkamp.
9 Bündnis 90/Die Grünen (2024, 18. März). Grün, digital, fair. Eine Agenda für Europas Verbraucher:innen. https://www.gruene-bundestag.de/themen/verbraucherschutz/gruen-digital-fair-eine-agenda-fuer-europas-verbraucherinnen.

10 Fleischhauer, J. (2024, 22. März). Sie wollen wissen, wie wenig die Grünen Ihnen trauen? Dann lesen Sie diesen Habeck-Satz. Focus Online. https://www.focus.de/politik/meinung/focus-kolumne-von-jan-fleischhauer-sie-wollen-wissen-wie-die-gruenen-wirklich-ticken-dann-lesen-sie-diesen-satz-von-habeck_id_259785057.html.
11 Wambach, A. (2022). Klima muss sich lohnen. Ökonomische Vernunft für ein gutes Gewissen. Freiburg im Breisgau: Verlag Herder.
12 Storch, H. von (2023). Der Mensch-Klima-Komplex. Was wissen wir? Was können wir tun? Zwischen Dekarbonisierung, Innovation und Anpassung. Bonn: J. H. W. Dietz Nachf. GmbH, S. 114.
13 Bojanowski, A. (2023, 24. März). Wie ein Forschernetzwerk die Kipppunkte-Warnung in die Debatte trickste. Die Welt. https://www.welt.de/wissenschaft/article244282479/Klimawandel-So-trickste-eine-Forschergruppe-die-Kipppunkt-Warnung-in-die-Debatte.html.
14 Stampf, O. (2018, 5. Oktober). Klimawandel: Galgenfrist verlängert. Spiegel Online. https://www.spiegel.de/wissenschaft/klimawandel-galgenfrist-verlaengert-a-00000000-0002-0001-0000-000159786817.
15 Wiederschein, H. (2019, 18. Dezember). Forscher kritisiert Klima-Panik: »Es gibt keinen planetaren Notfall«. FOCUS Online. https://www.focus.de/wissen/klima/nach-warnung-vor-baldigem-klima-kollaps-forscher-kritisiert-klima-panik-wuerde-nicht-von-einem-planetaren-notfall-sprechen_id_11457108.html.
16 Rauner, M. (2022, 19. Oktober). »Zu viel Kinderbuch-Wolke«. Zeit Online. https://www.zeit.de/2022/43/klimaforschung-wolken-klimawandel-erderwaermung-ipcc-bericht.
17 ZDFheute. (2023, 25. November). »1,5 Grad sind überhaupt nicht zu erreichen«. https://www.zdf.de/nachrichten/wissen/mojib-latif-klima-ziel-paris-klimawandel-100.html, vgl. ferner: Latif, M., (2024) Klimahandel. Wie unsere Welt verkauft wird.
18 Lenton, T. M., Rockström, J., Gaffney, O., Rahmstorf, S., Richardson, K., Steffen, W., & Schellnhuber, H. J. (2019). Climate tipping points – too risky to bet against. Nature, 575(7784), S. 592–595.
19 Vgl. dazu: A. Bojanowski (18. Oktober 2023), Die Katastropenlüge, Die Welt.
20 MDR. (2022, 7. April). Afrikas Große Grüne Mauer. Gut fürs Klima, gut für die Wirtschaft. https://www.mdr.de/wissen/klimawandel-gruene-mauer-100.html.
21 z. B.: Lomborg, B. (2020). False Alarm. How Climate Change Panic Costs Us Trillions, Hurts the Poor, and Fails to Fix the Planet. Basic Books.
22 Verheyen, R., & Endres, A. (2023). Wir alle haben ein Recht auf Zukunft. Eine Ermutigung. München: dtv Verlagsgesellschaft mbH & Co. KG.
23 Vgl. The Pioneer (4.12.2023), Die drei Lebenslügen der grünen Klimapolitik.
24 Expertenrat für Klimafragen (ERK). (2023, 22. August). Prüfbericht 2023 für die Sektoren Gebäude und Verkehr: Prüfung der den Maßnahmen zugrunde liegenden Annahmen gemäß § 12 Abs. 2 Bundes-Klimaschutzgesetz. https://expertenrat-klima.de/content/uploads/2023/09/ERK2023_Stellungnahme-zum-Entwurf-des-Klimaschutzprogramms-2023.pdf.

Harthan, R. O. et al. (2023). Umweltbundesamt (UBA), Projektionsbericht 2023 für Deutschland. https://www.umweltbundesamt.de/sites/default/files/medien/11850/publikationen/39_2023_cc_projektionsbericht_12_23.pdf.
25 Knopf, B. (2023, 22. August). Klimaschutzprogramm: verringerte Ziellücke, aber unzureichende Datengrundlage und fehlendes Gesamtkonzept. Expertenrat für Klimafragen. https://www.expertenrat-klima.de/news/klimaschutzprogramm-verringerte-zielluecke-aber-unzureichende-datengrundlage-und-fehlendes-gesamtkonzept/.
26 Neubauer, L. (11. Dezember 2023). [Zitat]. In L. von Hammerstein (Autor), COP28: Ist Deutschland wirklich ein Klimavorreiter? DW.https://www.dw.com/de/cop28-ist-deutschland-wirklich-ein-klimavorreiter/a-67689572.
27 Pittel, K. & Henning, H.-M. (2019, 12. Juli). Was uns die Energiewende wirklich kosten wird. Frankfurter Allgemeine Zeitung. https://www.faz.net/aktuell/wirtschaft/klimapolitik-energiewende-erfolgreich-steuern-16280130.html.
28 Kirchner, R. (2023, 27. Februar). China setzt massiv auf Kohlekraftwerke. Tagesschau.
29 Albrecht, H. (2022). So! Schaffen wir das. Neue Wege für einen klimaneutralen Umbau unserer Wirtschaft, mehr Wohnungen, die Herausforderungen der Migration und den Erhalt unseres Vermögens, Freiburg im Breisgau: Verlag Herder, S. 261.
30 Hoyer, M. (2024, Januar 17). Global Carbon Restructuring Plan. How to decarbonize the 1,000 most CO_2-intensive assets. Roland Berger. https://www.rolandberger.com/en/Insights/Publications/Decarbonizing-the-1-000-most-CO_2-intensive-assets.html.
31 Beutelsbacher, S. (2024, 20. Januar). Der überraschende Aufstand der Linken und Grünen. Die Welt. https://www.welt.de/wirtschaft/plus249630316/Transparente-NGOs-Der-ueberraschende-Aufstand-der-Linken-und-Gruenen.html.
32 FOCUS Online. (2024, 4. März). Deutsche Umwelthilfe legt Spenden im Wert von 1,5 Millionen Euro nicht offen. https://www.focus.de/politik/deutschland/transparenz-verweigert-deutsche-umwelthilfe-legt-spenden-im-wert-von-1-5-millionen-euro-nicht-offen_id_259725052.html.
33 The Pioneer. (2024, April 3). Das fragwürdige Abmahn-Geschäft der Umwelthilfe. https://www.thepioneer.de/originals/hauptstadt-das-briefing/briefings/das-fragwuerdige-abmahn-geschaeft-der-umwelthilfe.
34 Grabitz, M. (2024, 8. Februar). Umwelthilfe wollte Lobbykampagne für fossiles Gas starten. Table Media.
35 Tatje, C. & Harvey, H. (2022, 20. Juni). Der mächtigste Grüne der Welt. Die Zeit. https://www.zeit.de/2022/25/hal-harvey-lobbyist-klima-elektromobilitaet. Vgl. zudem: Redaktionsnetzwerk Deutschland (2023, 11. März), Wie ein amerikanischer Lobbyist auch in Deutschland fürs Klima kämpft.
36 Bojanowski, A., & Wetzel, D. (2021, 30. April). Die unterschätzte Macht der grünen Lobby. Die Welt. https://www.welt.de/wirtschaft/article230760047/Greenpeace-WWF-BUND-Die-unterschaetzte-Macht-der-gruenen-Lobby.html.

IV. Über erneuerbare Energien hinaus: Fünf Schlüsseltechnologien im Kampf gegen den Klimawandel

1 Wetzel, D. (5. April 2024). Der Sahara-Staub offenbart die große Schwäche der Energiewende. Welt. https://www.welt.de/wirtschaft/plus250890028/Stromluecke-Sahara-Staub-zeigt-ein-Grundproblem-der-Energiewende-auf.html.
2 International Energy Agency (IEA). (2023). World Energy Outlook 2023. https://iea.blob.core.windows.net/assets/86ede39e-4436-42d7-ba2a-edf61467e070/WorldEnergyOutlook2023.pdf.
3 Blümm, F. (2023, 16. Januar). Kosten der Energiewende. Wie teuer sind EEG-Umlage & co? tech-for-future. https://www.tech-for-future.de/kosten-energiewende/.
4 Garforce GmbH. (2019, 1. Mai). Garforce. https://www.graforce.com.
5 RAG Austria AG. (2018, März). RAG Austria AG. https://www.rag-austria.at.
6 KfW Bankengruppe. (2024). KfW – Bank aus Verantwortung.
7 Albrecht, H. (2022). So! Schaffen wir das. Freiburg im Breisgau: Verlag Herder Verlag, S. 262.
Tāmata Hauhā. (2023, 10. Februar). What We Offer. https://tamata.co.nz/getting-started/what-we-offer/.
8 Hüttl, R. F. (2012). Ecosystem Services and Carbon Sequestration in the Biosphere. In R. Lal, K. Lorenz, R. F. Hüttl, U. Schneider & J. von Braun (Hrsg.). Springer.
9 Strasser, P. (2023, 10. Oktober). Neuer Energiespeicher vereint Batterie und Elektrolyseur – Werkzeug für die Energiewende. Pressemitteilungen und Nachrichten. Technische Universität Berlin. https://www.tu.berlin/ueber-die-tu-berlin/profil/pressemitteilungen-nachrichten/neuer-energiespeicher-vereint-batterie-und-elektrolyseur-werkzeug-fuer-die-energiewende.
10 Vgl. https://www.globalccsinstitute.com/archive/hub/publications/54176/thedelhideclarationoncleancoal-12112012.pdf.
11 Kümpel, H.-J., Radermacher, F. J. & Hüttl, R. (2023, November). Carbon Management – Schlüsseltechnologie im Kampf gegen den Klimawandel. Clean Energy Forum. https://www.clean-energy-forum.org/de/studien/carbon-management?file=files/content/studien/downloads/pdf/CEF_Studie2_CarbonManagement.pdf&cid=875.
12 Schneid, L. & Pötter, B. (2023, 12. Juni). EU auf Linie der Emirate. CCS als Lösung [Webseite]. Table Media. https://webcache.googleusercontent.com/search?q=cache:jlq6jTRfQygJ:https://table.media/climate/analyse/eu-auf-linie-der-emirate-ccs-als-loesung/&hl=de&gl=de&client=safari.
13 Edenhofer, O. (2024, 26. Februar). Edenhofer zur Vorstellung der Carbon Management Strategie der Bundesregierung. Nachrichten. Potsdam-Institut für Klimafolgenforschung. https://www.pik-potsdam.de/de/aktuelles/nachrichten/edenhofer-zur-vorstellung-der-carbon-management-strategie-der-bundesregierung.
14 Bundesnetzagentur (2024), 15. April, Kraftwerke am Strommarkt, vgl. außerdem: ders., (2024). Was Sie schon immer über Klima wissen wollten, aber

bisher nicht zu fragen wagten, Frankfurt: Westend. auch: Zukunft Gas e.V. (2023). Versorgungssicherheit Strom. Zukunft Gas. https://gas.info/gas-im-energiemix/strom-aus-gas/versorgungssicherheit-strom#:~:text=Aktuell%20sind%20in%20Deutschland%20über,rund%2080%20GW%20zu%20bedienen.

15 Flasbarth, J. (2015, 9. September). USA und China besiegeln saubere Kohle Deal. Rat für Nachhaltige Entwicklung. https://www.nachhaltigkeitsrat.de/aktuelles/usa-und-china-besiegeln-saubere-kohle-deal/.

16 Alverà, M. (2021). The Hydrogen Revolution. A Blueprint for the Future of Clean Energy. Hodder & Stoughton.

17 Wetzel, D. (2024, 2. April). Abriss statt Alternativen – Habecks fragwürdige Gasnetz-Pläne. Die Welt. Vgl. ferner: ders. (2022), 22. Mai, Bundesregierung will Gasnetze schrittweise auflösen. Die Welt.

18 https://www.rolandberger.com/en/Insights/Publications/Hydrogen-The-Roaring-30s.html.

19 Schwarz, M. (2023, 12. Juli). Grüner Wasserstoff aus Lubmin. 1-GW-Projekt findet Investor. H2 News.https://h2-news.eu/industrie/gruener-wasserstoff-aus-lubmin-1-gw-projekt-findet-investor/#:~:text=Laut%20HH2E%20wird%20die%20Elektrolyseanlage,Mio.

20 Geißler, R. (2024, 18. März). Ein Labor für die Energiewende – Lässt sich damit Geld verdienen? MDR. https://www.mdr.de/nachrichten/deutschland/wirtschaft/energie-projekt-gasspeicher-wasserstoff-bad-lauchstaedt-100.html.

21 Pflüger, F. (1992). Ein Planet wird gerettet. Eine Chance für Mensch, Natur, Technik, Düsseldorf: Econ Verlag, S. 177–181.

22 Viehmann, S. (2023, 13. Dezember). Erst nach 90.000 Kilometern fährt das E-Auto klimafreundlicher als der Verbrenner. Focus Online. https://www.focus.de/auto/news/neue-vdi-studie-ab-90-000-kilometern-ist-das-e-auto-klimafreundlicher-als-der-verbrenner_id_259487037.html.

23 Wille, J. (2023, 26. Dezember). E-Autos: Doch nicht so klimafreundlich. Frankfurter Rundschau. https://www.fr.de/politik/autos-doch-nicht-so-klimafreundlich-92737038.html.

24 UNITI Bundesverband Energie Mittelstand & frontier economics. (April 2023). Verfügbarkeit und zielführender Einsatz von in Deutschland hergestelltem erneuerbaren Strom. https://www.uniti.de/fileadmin/user_upload/UNITI_Studie_FE_Gruenstromknappheit.pdf.

25 Bundesrechnungshof. (2024, 7. März). Bericht nach § 99 BHO zur Umsetzung der Energiewende im Hinblick auf die Versorgungssicherheit, Bezahlbarkeit und Umweltverträglichkeit der Stromversorgung. https://www.bundesrechnungshof.de/SharedDocs/Downloads/DE/Berichte/2024/energiewende-volltext.pdf?__blob=publicationFile&v=4.

26 Autoindustrie fordert mehr Tempo beim Ladenetz-Ausbau. (2024, 6. April). Spiegel. https://www.spiegel.de/wirtschaft/krise-der-e-mobilitaet-autoindustrie-fordert-tempo-beim-ladenetz-ausbau-a-773a9d90-fa20-4bfd-8692-341cb9d4f229.

27 Potsdam Institute for Climate Impact Research (2023), 30. März, E-Fuels – Aktueller Stand und Projektionen.

28 cmu. (13.04.2024). Volkswagen pocht auf E-Fuels als Ergänzung zu Elektroautos. FAZ. https://zeitung.faz.net/faz/unternehmen/2024-04-13/409c632c6acf894d7b890d263d35b426/?GEPC=s9.
29 Meier, A. (2023, 15. März). BMW-Chef Zipse wirbt für E-Fuels – und lässt nicht nach bei Wasserstoff. Wirtschaftswoche. https://www.wiwo.de/unternehmen/auto/autobauer-bmw-chef-zipse-wirbt-fuer-e-fuels-und-laesst-nicht-nach-bei-wasserstoff/29038734.html.
Müßgens, C. (2024, 12. April). Volkswagen pocht auf E-Fuels als Ergänzung zu Elektroautos.
30 Süddeutsche Zeitung. (2023, 22. August). Bundesregierung verfehlt E-Auto-Ziele deutlich. https://www.sueddeutsche.de/wirtschaft/autoindustrie-elektroautos-ziele-2030-1.6153102.
31 Aleythe, S. (2024, 27. März). Wie Containerschiffe grüner werden sollen. Süddeutsche Zeitung. https://www.sueddeutsche.de/wirtschaft/maersk-methanol-containerschiff-schadstoffe-1.6494510?reduced=true.
32 Koch, M. (2024, 21. März). Von der Leyen und 14 EU-Staaten sprechen sich für Atomkraft aus. Handelsblatt. https://www.handelsblatt.com/politik/international/atomgipfel-von-der-leyen-und-14-eu-staaten-sprechen-sich-fuer-atomkraft-aus/100026321.html.
33 Bockenheimer, J. C. (2024, 24. März), Die deutsche Umweltministerin und die Atomkraft: Wie gefällig darf eine Studie sein? Neue Zürcher Zeitung, vgl. Öko-Institut e.V., Bundesamt für die Sicherheit der nuklearen Entsorgung. (März 2024). Analyse und Bewertung des Entwicklungsstands, der Sicherheit und des regulatorischen Rahmens für sogenannte neuartige Reaktorkonzepte. https://www.base.bund.de/SharedDocs/Downloads/BASE/DE/fachinfo/fa/Abschlussbericht_neuartige_Reaktorkonzepte_2024.pdf?__blob=publicationFile&v=5.
34 Birol, F. (2024, 29. März). »Deutschland hat einen historischen Fehler gemacht, ich habe sie mehrmals gewarnt«. Focus-online und Table-media. https://www.focus.de/earth/experten/fatih-birol-im-interview-deutschland-hat-einen-historischen-fehler-gemacht-ich-habe-sie-mehrmals-gewarnt_id_259802134.html.
35 Gesetz über die Elektrizitäts- und Gasversorgung (Energiewirtschaftsgesetz – EnWG). Energiewirtschaftsgesetz vom 7. Juli 2005 (BGBl. I S. 1970, 3621).
36 Kerstholt, M. (2024, 18. März). Von der Kohle zur Künstlichen Intelligenz. Tagesschau. https://www.tagesschau.de/wirtschaft/unternehmen/microsoft-ki-deutschland-100.html.
37 focus. (2013, 15. November). Hintergrund: Zitate von Schwarz-Gelb zur Atompolitik. Focus. https://www.focus.de/finanzen/news/hintergrund-zitate-von-schwarz-gelb-zur-atompolitik-energie_id_2136216.html.
38 dpa, AFP. (2023, 15. April). Befürworter und Gegner der Atomkraft demonstrieren. Vgl. ferner: ZEIT ONLINE. https://www.zeit.de/politik/2023-04/abschaltung-atomkraftwerke-demonstrationen-gegner-befuerworter.
39 Pflüger, F. (1992). Ein Planet wird gerettet. Eine Chance für Mensch, Natur, Technik. Düsseldorf: Econ Verlag, S. 104.

Anmerkungen

40 Ich folge auf den nächsten Seiten weitgehend den Darstellungen von BASE: https://www.base.bund.de/DE/themen/kt/kta-deutschland/neuartige-reaktorkonzepte/alternative-reaktorkonzepte.html, Futurium (2.12.2019): https://futurium.de/de/blog/reaktortypen-im-ueberblick und Generation IV international forum: https://www.base.bund.de/DE/themen/kt/kta-deutschland/neuartige-reaktorkonzepte/alternative-reaktorkonzepte.html.

41 Gohar, Y., Briggs, L. L., Cao, Y., Fischer, R., Kellogg, R. L., Kraus, A., Merzari, E., Talamo, A. & Zhong, Z. (3.10.2022). Neutron Source Facility of the National Science Center »Kharkiv Institute of Physics and Technology« at Kharkiv, Ukraine.

42 Ich folge hier im Wesentlichen Department of Energy: https://www.energy.gov/ne/advanced-small-modular-reactors-smrs, Department of Energy: https://www.energy.gov/oced/advanced-reactor-demonstration-projects-0, NuScale (8.11.2023): https://www.nuscalepower.com/en/news/press-releases/2023/uamps-and-nuscale-power-agree-to-terminate-the-carbon-free-power-project, sowie: POWER (8.6.2021): https://www.powermag.com/nuclear-first-work-starts-on-russian-fast-neutron-reactor/, The Moscow Times (19.12.2019): https://www.themoscowtimes.com/2019/12/19/worlds-first-floating-nuclear-plant-goes-online-in-russia-rosatom-a68683 und China atomic energy Authority: https://www.caea.gov.cn/english/n6759361/n6759362/c6792962/content.html. Ferner vgl.: World Nuclear Association (03.06.2024) https://world-nuclear.org/information-library/country-profiles/countries-a-f/china-nuclear-power.

43 Belinda Smart. (19.7.2023). New nuclear body launches £20bn tender for SMR technical partners. *New Civil Engineer*. https://www.newcivilengineer.com/latest/new-nuclear-bodys-20bn-tender-for-smr-technical-partners-now-open-19-07-2023/.

44 Bundesgesellschaft für Endlagerung. (2024). Aktueller Bestand. https://www.bge.de/de/abfaelle/aktueller-bestand/.

45 vks/dpa/AFP. (8. Juli 2019). Söder schließt Atommüll-Endlager in Bayern aus. Der Spiegel. https://www.spiegel.de/politik/deutschland/csu-markus-soeder-schliesst-atommuell-endlager-in-bayern-aus-a-1276355.html.

46 Münsterland Zeitung. (13. Dezember 2022). Endlager-Beschluss kann auch erst 2068 erfolgen – Zwischenlager könnte noch viel länger laufen. https://www.muensterlandzeitung.de/ahaus/gremium-fordert-mehr-transparenz-standortauswahlverfahren-verzoegert-sich-w673429-9000666556/.

47 Bundesamt für die Sicherheit der nuklearen Entsorgung. (kein Datum). Zeitperspektive im Endlagersuchverfahren. https://www.endlagersuche-infoplattform.de/webs/Endlagersuche/DE/Endlagersuche/Der-Suchprozess/zeithorizonte/suchverfahren.info.html.

48 Mick, C. (21. Juli 2023). Längere Endlagersuche – längere Zwischenlagerung. Bundesamt für die Sicherheit der nuklearen Entsorgung. https://www.base.bund.de/DE/themen/ne/zwischenlager/laufzeiten-zwl/laufzeiten-zwl_node.html.

49 Bundesamt für die Sicherheit der nuklearen Entsorgung. (2021, 10. März). Gutachten zu Partitionierung und Transmutation. https://www.base.bund.de/

DE/themen/kt/kta-deutschland/p_und_t/partitionierung-transmutation-gutachten.html.
50 Mössbauer, K. (2023, 1. April). Deutschland könnte 300 Jahre mit Strom versorgt werden. Bild. https://www.bild.de/politik/inland/politik-inland/strom-aus-atommuell-deutschland-koennte-300jahre-versorgt-werden-83361432.bild.html.
Vgl. grundsätzlich zur Thematik: Houben, G. & Servan-Schreiber, F. (06.11.2023). Deutschlands nukleare Zukunft: beschleunigergetriebene Neutronenquellen. atw: international journal for nuclear power. https://media.licdn.com/dms/document/media/D4D1FAQECG2dYbfsN1w/feedshare-document-pdf-analyzed/0/1699992186817?e=1714003200&v=beta&t=Lq12oV9V3KT-3K4SwI12AetFoAzsWcOllkuZz3V3BQjQ.
51 Bundesministerium für Bildung und Forschung (BMBF). (Juni 2023). Positionspapier Fusionsforschung: Auf dem Weg zur Energieversorgung von morgen. https://www.bmbf.de/SharedDocs/Publikationen/de/bmbf/7/775804_Positionspapier_Fusionsforschung.pdf?__blob=publicationFile&v=5.
52 Vgl. Schlagenhaufer, S. (2024, 2. Januar). Nächstes Bundesland will zurück zur Kernenergie. Bild. https://www.bild.de/politik/inland/politik-inland/millionen-fliessen-in-die-forschung-erstes-bundesland-will-zurueck-zur-kernenerg-86602238.bild.html.
53 Menn, A. (2023, 24. Oktober). Die Kernfusion ist deutlich näher, als viele glauben. Wirtschaftswoche. https://www.wiwo.de/my/technologie/forschung/kernfusion-die-kernfusion-ist-deutlich-naeher-als-viele-glauben-/29454264.html.
54 Merian, A. (2023, 11. Januar). Brennpunkte der Kernfusion. Max-Planck-Gesellschaft. https://www.mpg.de/19734973/brennpunkte-der-kernfusion.
55 Fusion Industry Association. (2023). The global fusion industry in 2023: Fusion Companies Survey. https://www.fusionindustryassociation.org/wp-content/uploads/2023/07/FIA-2023-FINAL.pdf.
56 Hochwarth, D. (2023). Auf dem Weg zum Fusionskraftwerk: Marvel Fusion geht in die USA. ingenieur.de. https://www.ingenieur.de/technik/fachbereiche/energie/auf-dem-weg-zum-fusionskraftwerk-marvel-fusion-geht-in-die-usa/.
57 Wilson, T. (2023, 30. Mai). German start-up wins initial funding for revolutionary fusion energy machine. Financial Times.

Weitere Bücher des Autors

- Richard von Weizsäcker – Mit der Macht der Moral; München, 2010 (DVA)
- Ein neuer Weltkrieg? Die islamistische Herausforderung des Westens; München, 2004 (DVA)
- Weckruf für Europa – Verfassung, Vereinigung, Verteidigung; Bonn, 2002 (Bouvier)
- Ehrenwort – Das System Kohl und der Neubeginn; Stuttgart, 2000 (DVA)
- Der Friede bleibt bedroht: Europäische Sicherheit im 21. Jahrhundert. Mit einem Vorwort von Wolfgang Schäuble; Bonn, 1998 (Bouvier)
- Was ich denke; München, 1995 (Goldmann)
- Die Zukunft des Ostens liegt im Westen; Düsseldorf, 1994 (Econ)
- Deutschland driftet: Die Konservative Revolution entdeckt ihre Kinder; Düsseldorf, 1994 (Econ)
- Ein Planet wird gerettet: Eine Chance für Mensch, Natur und Technik; Düsseldorf, 1992 (Econ)
- Richard von Weizsäcker – Ein Portrait aus der Nähe; Stuttgart, 1990 (DVA)
- Die Menschenrechtspolitik der USA: Amerikanische Außenpolitik zwischen Idealismus und Realismus; München, 1983 (Oldenbourg)

Wie man Wirtschaft und Klimaschutz versöhnt

160 Seiten | Klappenbroschur
ISBN 978-3-451-39358-7

Dieses Buch analysiert die unterschiedlichen Maßnahmen der Klimapolitik und die Marktmechanismen, die dahinter wirken. Dabei kommt der Autor zu überraschenden Ergebnissen: Solaranlagen können wirtschaftlich sinnvoll sein, nicht aber klimapolitisch. Und der Bezug von Ökostrom bewirkt keinen CO2-Rückgang, weniger Autofahren hingegen schon. Wambach macht deutlich, dass wir den Klimaschutz umstellen müssen. Er lichtet das undurchsichtige Gewirr klimapolitischer Einzelmaßnahmen und gibt Kriterien an die Hand, um zu bewerten, was dem Klima wirklich nützt.

In jeder Buchhandlung!

HERDER

www.herder.de

Kompaktes Wärmepumpen-Wissen für Laien und Profis vom Energiesparkommissar

208 Seiten | Klappenbroschur
ISBN 978-3-451-39767-7

Die umfassende Elektrifizierung der Wärmeversorgung kommt und damit auch der riesige Bedarf an Informationen zu Wärmepumpen für Wohnungseigentümer, Hausbesitzer und Mieter! In seinem neuen Buch gibt YouTubes »Energiesparkommissar« Casten Herbert klare Antworten zu sämtlichen Fragen zum Heizen mit Wärmepumpen – leicht verständlich, mit anschaulichen Praxisbeispielen und Grafiken. Ob Laie oder angehende Fachleute: Jetzt müssen wir alle zu unseren eigenen Experten und Expertinnen zum Thema Wärmepumpen werden.

In jeder Buchhandlung!

HERDER

www.herder.de

Wir müssen endlich aufhören, nichts zu tun!

240 Seiten | Klappenbroschur
ISBN 978-3-451-39585-7

Seit über einem halben Jahrhundert wissen wir um die erschreckenden Auswirkungen von Umweltzerstörung und Klimawandel. Warum also handeln wir nicht konsequent gegen die verheerenden Bedrohungen? Mojib Latif enthüllt in seinem Buch das Versagen der Politik und die Interessen mächtiger Konzerne. Doch es gibt Hoffnung! Wenn wir global zusammenarbeiten und Wohlstand mit Nachhaltigkeit vereinen, können wir die Zukunft retten. Eine klare, dringliche Botschaft, die zum Handeln aufruft.

In jeder Buchhandlung!

HERDER   www.herder.de

Nachhaltigkeit im Familienunternehmen erfolgreich meistern

272 Seiten | Gebunden
ISBN 978-3-451-39647-2

Umweltschutz, gute Unternehmensführung und soziale Verantwortung bieten für immer mehr Unternehmen Chancen, aber auch Herausforderungen. Anhand erfolgreicher Praxisbeispiele illustriert Felix Zimmermann anschaulich und einprägsam, wie ESG (Environmental, Social und Governance) als unternehmerische Chance genutzt werden kann, um Wettbewerbsvorteile auszubauen und nachhaltige Unternehmensstrukturen zu implementierten.

In jeder Buchhandlung!

HERDER

www.herder.de

Welche roten Linien gelten im Umgang mit autoritären Regimen?

WIE SOLL DIE WIRTSCHAFT MIT AUTOKRATIEN UMGEHEN?

Siegfried Russwurm
Joachim Lang (Hg.)

HERDER

128 Seiten | Kartoniert
ISBN 978-3-451-07230-7

Deutschland ist wie kein anderes Land auf den Export von Spitzenprodukten angewiesen, um Wohlstand und Beschäftigung zu sichern. Doch die Freihandelspolitik steht unter Druck. Autoritäre Regime wie China nutzen staatsgelenkte Wirtschaftssysteme für geopolitische Ziele. Handelskonflikte drohen zu Wirtschaftskriegen zu eskalieren, und Sanktionen könnten als Mittel der Außenpolitik dienen. Welche Verantwortung haben Unternehmen bei Menschenrechtsverletzungen? Welche außenwirtschaftlichen Leitplanken sollten im Umgang mit aggressiven Staaten wie Russland gelten?

In jeder Buchhandlung!

HERDER

www.herder.de